DU CONCOURS

DES

CANAUX ET DES CHEMINS DE FER

ET DE L'ACHÈVEMENT

DU CANAL DE LA MARNE AU RHIN,

PAR

CH. COLLIGNON,

INGÉNIEUR EN CHEF DU CANAL DE LA MARNE AU RHIN ET DU CHEMIN DE FER
DE PARIS A LA FRONTIÈRE D'ALLEMAGNE.

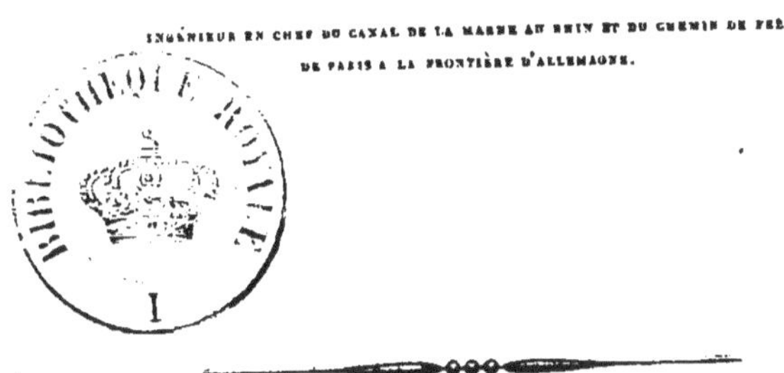

PARIS,
CHEZ CARILIAN-GŒURY ET V. DALMONT,
LIBRAIRES,
Quai des Augustins, 41.

NANCY,
CHEZ GRIMBLOT ET Ve RAYBOIS,
IMPRIMEURS-LIBRAIRES,
Place Stanislas, 7, et rue Saint-Dizier, 125.

Janvier 1845.
1845

DU CONCOURS

DES

CANAUX ET DES CHEMINS DE FER

ET DE L'ACHÈVEMENT

DU CANAL DE LA MARNE AU RHIN.

CHAPITRE PREMIER.

QUESTIONS A RÉSOUDRE. — LEUR IMPORTANCE. — NÉCESSITÉ D'UNE PROMPTE SOLUTION.

Les chemins de fer peuvent-ils suppléer les voies navigables pour le transport des choses?

Si les premiers offrent pour la circulation des marchandises une économie considérable de temps, les canaux ne réalisent-ils pas une économie d'argent plus importante par ses résultats?

Cette économie, due aux voies de navigation, et appliquée à une certaine classe de transports, ne serait-elle pas le moyen le plus efficace et le plus puissant de développer tous les genres de production industrielle et agricole?

Enfin, et comme conséquence, un bon système de navigation intérieure, soumis à une tarification convenable, en activant la fabrication, et, par suite, le transport des objets, pouvant, à cause de leur valeur propre, acquitter le prix de la vitesse, ne serait-il pas en définitive plus favorable à la prospérité future des chemins de fer, que le monopole, qui comprimerait par un tarif forcément plus élevé l'essor d'un grand nombre d'industries ?

Telles sont les questions que nous nous proposons d'examiner dans cet écrit. Rappelons dans quelles circonstances ces questions sont produites, et faisons apprécier en quelques mots le puissant intérêt qui s'attache à leur prompte solution.

Il était naturel que la discussion des lois des chemins de fer appelât l'attention sur la concurrence qu'ils peuvent faire aux voies navigables; il ne l'était pas moins que, suivant le point de vue auquel on s'était placé, on appréciât très-diversement l'influence réciproque de ces deux systèmes de communication.

Ainsi les uns, voyant dans la contiguité des canaux et des chemins de fer une rivalité ruineuse, auraient voulu qu'on posât en principe général, et sauf les impossibilités matérielles, leur séparation absolue.

Pour d'autres, le rapprochement des voies de fer et des voies d'eau, outre qu'il est indiqué par la masse même des intérêts que ces dernières ont accumulés depuis longtemps sur leur direction, constituerait encore un concours de circonstances favorables au développement de la circulation, à cause de l'objet différent des deux modes de transport, dont l'un doit être, dans l'organisation normale des communications intérieures du pays, le complément de l'autre.

Dans ce conflit d'opinions contradictoires, qu'ont fait les Chambres, juges en dernier ressort du débat ?

Si, d'une part, le principe de l'écartement des chemins de fer et des canaux a été formellement repoussé dans son application aux chemins de Lyon et de Strasbourg ; d'une autre part aussi l'hésitation qui s'est manifestée à la Chambre des députés, à l'occasion des crédits supplémentaires pour les travaux de canalisation, est un indice de l'incertitude que les discussions précédentes avaient jetée dans l'esprit de la Chambre. Ainsi, en ce qui concerne le canal de la Marne au Rhin, on doit croire, malgré les explications de l'honorable général Berthois, que le succès de l'amendement qu'il a présenté dans le but unique d'obtenir, avant de s'engager davantage, les devis définitifs du canal, que ce succès, disons-nous, a été aidé par l'incertitude dont nous venons de parler. De sorte que la chambre qui, dans la détermination des tracés, avait admis la juxtaposition des chemins de fer et des voies navigables ; qui, d'ailleurs, en écartant l'amendement de l'honorable M. Muret de Bord, avait refusé de trancher le débat dans le sens contraire à la navigation, nous paraît, par l'adoption de l'amendement de M. le général Berthois, non-seulement avoir adhéré aux motifs développés par l'honorable Général, mais encore avoir réclamé sur la lutte possible des canaux et des chemins de fer, ou sur l'utilité de leur concours, de nouvelles lumières et un plus ample informé.

La question est donc restée indécise. Elle attend une solution et il faudra qu'elle l'obtienne dans la session prochaine. Or, ce qu'il s'agit de fixer, qu'on le remarque bien, ce n'est pas le sort de telle ou telle entreprise, aujourd'hui entravée par les derniers votes législatifs; ce qui est en cause, ce n'est pas tel ou tel canal, c'est notre système de navigation intérieure tout entier.

Quelque spécieuses que soient les raisons alléguées pour l'écartement des chemins de fer et des voies navigables, de quelque inclination qu'on se sente porté pour un pareil principe, quand il se présente à l'état d'abstraction et en dehors de toute application spéciale, le principe contraire n'en a pas moins prévalu jusqu'ici dans chaque cas particulier. Ainsi, en France comme en Belgique, comme en Angleterre, les chemins de fer sont en général contigus aux voies navigables ; ou au moins leur voisinage est tel, leurs points de contact ou de croisement sont si multipliés, que pour l'influence réciproque des deux voies, la situation actuelle équivaut à une contiguïté complète et absolue. S'il est donc vrai que les *che-*

mins de fer aient une puissance de locomotion à laquelle nulle concurrence ne peut résister (1), notre système entier de navigation intérieure est décidément compromis. Qu'on voie en effet ce qui se passe pour les chemins de fer déjà classés : Ceux qui unissent Paris à la frontière belge et au littoral de la Manche, menacent toute la canalisation du nord. La Seine doit voir tous ses transports absorbés par le chemin de fer qui suit son littoral. Il en sera de même de la Loire, de la Garonne, du Rhône, de la Marne et du Rhin. Les canaux à point de partage n'ont pas un meilleur avenir. Les grands canaux de Bourgogne, du Rhône au Rhin, du midi etc., seront doublés chacun par un chemin de fer qui en suivra le cours. D'ailleurs, le réseau s'étendant et se développant atteindra, un jour ou l'autre, les lignes navigables qui sont encore aujourd'hui en dehors de son action, et il est évident qu'aucune d'elles n'échappera à son influence.

Or, dans quelles circonstances ces appréhensions viennent-elles se produire ? C'est lorsque le pays commence à voir le terme des sacrifices que lui ont imposés depuis vingt ans ses travaux de canalisation. C'est quand les résultats obtenus signalent chaque jour de nouveaux progrès et démontrent de plus en plus, outre l'utilité actuelle de nos voies navigables, leur fécondité pour l'avenir et l'importance des nouveaux résultats à poursuivre. C'est enfin, en présence des derniers efforts à faire pour compléter notre système de navigation intérieure, pour lui donner sa pleine et entière valeur et en tirer les services immenses qu'il est appelé à rendre.

Telle est donc la conséquence des doutes soulevés sur l'utilité à venir des canaux, et sur la résistance dont ils seraient capables dans leur lutte contre les chemins de fer. C'est que toute amélioration de nos voies navigables est forcément ajour-

(1) Rapport de M. Ph. Dupin, sur le tracé du chemin de Paris à la frontière d'Allemagne.

née. C'est qu'il faudra, tant que l'incertitude se prolongera, subir le réseau de nos lignes de navigation, dans l'état d'imperfection où il se trouve aujourd'hui, et voir incessamment reculer le moment de recueillir les fruits d'une si longue persévérance et de tant de sacrifices.

Il est clair en effet, que les motifs allégués contre l'exécution des nouveaux canaux ont toute leur force, lorsqu'il s'agit de faire, aux voies actuellement en navigation, des améliorations qui exigeraient une augmentation un peu sensible du capital que ces voies ont déjà absorbé.

Mais si l'Etat est paralysé dans ses projets d'amélioration, que sera-ce donc pour toutes les entreprises de transport par eau? Quel découragement ne doit pas atteindre la *batellerie* et toutes les industries qui s'y rattachent? Comment songer au perfectionnement et à l'augmentation nécessaire du matériel, quand on peut hésiter même sur l'utilité de son entretien? Comment se livrer à aucune spéculation d'avenir, quand l'avenir est si incertain, quand il est strictement compté, et quand, d'un autre côté, le trafic des chemins de fer en exploitation est évidemment dirigé vers l'anéantissement à tout prix de toute concurrence.

On le voit, une pareille question, qui touche à de si grands et de si nombreux intérêts, ne peut pas rester dans le vague où elle est aujourd'hui. Il faut que le doute cesse,

Parce qu'il est funeste à l'Etat dont les efforts précédents sont paralysés dans leurs effets, et dont les projets actuels sont suspendus dans leur exécution;

Parce qu'il porte une grave atteinte au développement de la production, surtout pour plusieurs grandes industries, que les travaux complémentaires de notre navigation intérieure devaient particulièrement ranimer et soutenir;

Parce qu'il engage les entreprises de chemin de fer dans une voie de sacrifices sans compensation, si en définitive le monopole ne doit pas les indemniser des frais (et on montrera qu'ils sont considérables) de la lutte qu'elles ont engagée contre la *batellerie* ;

Parce que si celle-ci doit résister, s'il est utile qu'elle résiste, il importe de ne pas la laisser mourir de peur pendant le combat.

Au reste, disons-le tout de suite, depuis six mois que nous suivons les études, nous avons vu ces entrepreneurs de navigation, d'abord inquiets et abattus, reprendre courage et confiance. Ils ont mesuré leur force, examiné les conditions de leur industrie, apprécié ses chances, ses ressources pour la lutte, et moyennant que le Gouvernement n'abandonnera pas l'amélioration progressive des voies navigables, on peut compter qu'ils résisteront, et que la grande industrie trouvera plus que jamais en eux ses plus puissants auxiliaires.

Toujours est-il que cette incertitude, qui pèse sur tant d'intérêts, ne peut pas se prolonger sans de grands dommages. Il faut, on le répète, que la question ait une solution ; et nous croyons que les faits aujourd'hui recueillis suffisent à la donner.

D'ailleurs, il nous a paru que notre position particulière d'ingénieur en chef d'une importante section du canal de la Marne au Rhin et de la section contiguë du chemin de fer de Paris à la frontière d'Allemagne nous imposait le devoir d'intervenir dans le débat, et d'y apporter le tribut de nos connaissances locales et d'un examen sérieux et approfondi. Tel est le motif de cet écrit, qui toutefois n'a rien d'officiel, et dont la responsabilité, quelle que soit celle qu'il comporte, nous revient tout entière.

CHAPITRE II.

SITUATION RESPECTIVE DES CANAUX ET DES CHEMINS DE FER CONCURRENTS, EN BELGIQUE, EN ANGLETERRE ET EN FRANCE.

Si les chemins de fer peuvent, à des conditions équivalentes pour le commerce, rendre les mêmes services que les canaux, comme ils ont d'ailleurs, en dehors des attributions de ces derniers, une utilité incontestable et toute spéciale, il est clair que les canaux ne résisteront pas et qu'il faut, plus tôt que plus tard, se résoudre à les sacrifier.

Mais si les canaux peuvent offrir seuls une économie considérable sur les prix de transport, particulièrement des objets que l'industrie consomme en grandes masses, et dont la locomotion affecte principalement la valeur, il faut non-seulement conserver les canaux, il faut les perfectionner et les compléter. Le problème paraît donc être d'une extrême simplicité. Il se réduit à une comparaison de prix ; et il semble qu'on n'ait autre chose à faire qu'à constater la différence qui existe entre les prix de transport sur les canaux et sur les chemins de fer. Eh bien, cette comparaison elle-même est sujette à litige. Quand il s'agit du transport par eau, on va chercher ses renseignements sur des canaux inachevés, incomplétement alimentés, soumis aux intermittences de leurs aboutissants ; et on prend pour ceux-là le fret total ; puis on le compare, non pas aux prix intégralement payés par le commerce sur les chemins de fer, mais seulement à une partie de ces prix, à la seule dépense de la locomotion; et encore cette dépense est-elle notablement amoindrie.

Malgré ce procédé si partial pour les chemins de fer, on invoque encore pour eux une perfectibilité en quelque sorte indéfinie, et on annonce des procédés nouveaux, des découvertes chaque jour attendues, et qui doivent réduire leurs prix actuels de locomotion, tandis qu'il semble que les canaux n'aient pour eux aucune chance d'amélioration ni de progrès.

Et pourtant, qui dit *transport*, sur les canaux comme sur les chemins de fer, dit *traction*; et sans vouloir faire ici de théorie (nous tenons au contraire à rester dans les faits) nous ne pouvons nous empêcher de rappeler que l'effort nécessaire à la traction d'une tonne de chargement utile sur un canal, est fort inférieur à l'effort de traction d'une tonne utile sur un chemin de fer. Il est donc évident à priori que le transport, vitesse à part, doit être plus économique sur les canaux que sur les chemins de fer. Il est tout aussi évident que, si on peut encore espérer pour ces derniers d'importants perfectionnements, les canaux n'en sont pas moins susceptibles, et qu'ils peuvent même recevoir dans leur état actuel, dans leur matériel de transport et dans leurs procédés de halage, des améliorations nombreuses et d'une efficacité immédiate et certaine. (Pièces justificatives n° 1.)

Si fondées que soient ces observations elles ont encore quelque chose de spéculatif, et c'est surtout des données de la pratique, des résultats de l'expérience qu'il s'agit ici. Voyons donc ce que dit l'expérience.

Canaux et chemins de fer de Belgique.

Le chemin de fer de Belgique forme aujourd'hui un système complet, reliant entre elles et à la capitale toutes les villes importantes du royaume. Il a un développement de 560 kilomètres et se prolonge au travers de la Prusse Rhénane jusqu'à

Cologne, sur une longueur de près de 100 kilomètres. Plus de 500 kilomètres du chemin de fer belge étaient en exploitation à la fin de 1843, aujourd'hui il est livré tout entier à la circulation.

Construit aux frais de l'Etat, il est exploité par les soins du Gouvernement, dans des conditions d'économie toutes spéciales et avec une prudence et une circonspection, dont les sociétés particulières elles-mêmes, malgré l'aiguillon de l'intérêt privé, n'offrent certainement pas un plus grand exemple.

Les tarifs sont surtout l'objet d'études continuelles. Ils sont soumis à l'examen d'une commission spéciale, qui suit les conséquences de leur application, apprécie leur action sur le développement du trafic du chemin et sur les résultats économiques de son exploitation. Cette commission fait ses propositions au Gouvernement. C'est ainsi que les tarifs du chemin de fer belge ont été jusqu'ici l'objet de si nombreuses transformations. Aujourd'hui, ces tarifs sont les plus bas de l'Europe, particulièrement pour ce qui concerne les marchandises.

D'ailleurs, le gouvernement belge n'est dominé dans l'exploitation du chemin de fer par aucune disposition fiscale. Le capital absorbé par la construction première ne rapportera pas, en 1844, 3. 70 p.%, au lieu de 6 (5 d'intérêt et un d'amortissement) stipulés par les lois d'emprunt. Enfin les rapports du ministre des travaux publics aux Chambres belges, et les modifications apportées au tarif, constatent que les efforts sont principalement dirigés vers l'accroissement du transit, et le développement de l'importation des matières premières nécessaires à l'industrie, et de l'exportation des produits indigènes. Ainsi, au lieu de rechercher, comme devrait le faire une Compagnie concessionnaire, le revenu direct le plus élevé, le gouvernement belge sacrifie en partie ce revenu direct à des projets de prépondérance pour l'industrie nationale, et, en un mot, à ce revenu indirect qui arrive à l'Etat par tous les canaux et sous toutes les formes, et qui est le résultat infaillible de toute impulsion nouvelle donnée au commerce et à l'industrie.

Ainsi donc, exploitation économique et tarifs très-bas, voilà les conditions dans lesquelles le chemin de fer belge opère.

Cependant la Belgique possède un excellent réseau de navigation intérieure. Dans ses limites étroites, son territoire coupe les bassins de deux fleuves navigables, l'Escaut et la Meuse. Un autre petit bassin, celui de l'Iser, occupe une partie du littoral de la Belgique sur l'Océan.

De tous les fleuves de l'Europe, l'Escaut est certainement celui dont le bassin offre la navigation la plus développée et la plus complète. La partie de son cours qui traverse la Belgique a une longueur de 269 kilomètres. Il reçoit dans ce parcours quatre grandes rivières navigables, avec leurs affluents et huit grands canaux de navigation.

La Meuse, depuis la frontière de France, jusqu'au point où elle cesse de faire limite commune entre la Belgique et la Hollande, a une longueur de 186 kilomètres. Elle reçoit dans cet intervalle l'Ourte navigable et la Sambre canalisée, et elle est d'ailleurs rattachée à Bruxelles par le canal de Charleroy, et au Vahal par le canal de Maëstricht à Bois-le-Duc.

Enfin l'Iser, navigable sur 42 kilomètres, reçoit lui-même cinq canaux de navigation.

Dans son état actuel, le réseau de navigation intérieure de la Belgique, a un développement de 1587 kilomètres, savoir:

1° *Fleuves et rivières.*

L'Escaut	269	646
Ses affluents	377	
La Meuse	186	369
Ses affluents	183	
L'Iser		42
		1057
2° *Canaux.*		530
Total pareil		1587 kil.

Si d'ailleurs on examine la position du réseau navigable par rapport au chemin de fer, on voit que de Bruxelles à Anvers, de Bruxelles à Gand et à Ostende, de Gand à Courtray et à Lille, et de Bruxelles à Charleroy et à Namur, le chemin de fer est parallèle aux voies navigables, qu'il les coupe souvent et qu'en un mot par sa position, par les points qu'il réunit entre eux il pourrait être appliqué aux mêmes services. Des 560 kilomètres qui forment le réseau du chemin de fer belge, il n'y en a pas plus de 120 qui ne soient pas ainsi doublés par une ligne de navigation: c'est la section du chemin de fer rhénan, qui s'étend de Louvain à la frontière de Prusse, avec l'embranchement de Saint-Trond. Pour le surplus de 440 kilomètres, le chemin de fer est partout aux prises avec une voie navigable rivale, souvent avec plusieurs. Voilà certes une expérience faite sur une grande échelle, et qui, par conséquent, doit éclairer sur les suites de la rivalité des canaux et des chemins de fer.

Si cette rivalité doit avoir les conséquences funestes qu'on lui a attribuées en France, il est impossible qu'elle n'ait pas vivement excité en Belgique la sollicitude du Gouvernement et des Chambres. Là, en effet, l'Etat, propriétaire du chemin de fer, exploite encore à son profit la plus grande partie des lignes de navigation; et le soin apporté dans l'étude des conditions du trafic du rail-way se retrouve dans la gestion des canaux et des rivières.

Canal de Charleroy.

La question de cette concurrence s'est d'ailleurs présentée plusieurs fois au gouvernement belge, et elle a toujours été résolue dans le sens de l'indépendance des deux systèmes de communication ou de la nécessité de leur concours. Le rachat du canal de Bruxelles à Charleroy en offre un exemple remarquable.

Ce canal, qui rattache Bruxelles à la Sambre et aux houillères de Charleroy et de ses environs, avait été concédé en

1826 pour 34 ans, y compris 5 ans accordés pour l'exécution, et par conséquent pour une jouissance effective de 29 ans. Pendant la durée de cette jouissance, la compagnie concessionnaire devait éteindre par des annuités les avances qu'elle avait reçues de l'Etat.

A la suite de difficultés inutiles à rappeler, cette concession fut remplacée par une convention en date du 6 novembre 1834, qui réduisait à 16 ans 1/2 la durée de la jouissance de la compagnie pour le canal et ses embranchements, mais en laissant à l'Etat la faculté de racheter la concession dans un délai de six années, expirant en novembre 1840.

Or, qu'on remarque bien la position. Le Gouvernement, libre d'exercer cette faculté de rachat, avait depuis 1835 la pratique des chemins de fer. Plus de 270 kilomètres étaient en exploitation en 1839. Le chemin du midi, de Bruxelles à Mons, était en construction et il était arrêté que ce chemin jetterait un embranchement de Braîne-le-Comte sur Charleroy et Namur. C'était doubler le canal par une ligne de fer. Enfin deux autres projets de chemins de fer étaient présentés pour rattacher Bruxelles aux charbonnages du centre et de Charleroy. Certes, il est impossible de voir un canal plus menacé de l'envahissement des chemins de fer que ne l'était alors le canal de Charleroy. D'ailleurs les pronostics fâcheux ne lui faisaient pas défaut, on annonçait « *qu'on transporterait à des* « *prix si bas sur le chemin de fer que le canal périrait infailli-* « *blement* (1). »

L'avenir du canal a donc été sérieusement étudié à ce point de vue, et c'est après avoir examiné toutes les chances de résistance et de succès qu'il pouvait offrir que M. l'inspecteur Vifquain posait cette conclusion dans le remarquable rapport, qui a fait la pièce principale et décisive du débat.

(1) Canal de Charleroy. — Rachat de la concession. — Rapport présenté à la Chambre des Représentants, par M. le ministre des travaux publics, le 20 mars 1839, suivi de pièces justificatives. — (Page 184.)

« Nous avons fait voir :

. . . .

« 5° Que la navigation de ce canal l'emportait tellement par » l'économie de son frêt, la rapidité de la marche de ses ba- » teaux et sa liaison, sans intermédiaire, à tous les bords des » eaux navigables du vaste bassin de l'Escaut, *qu'aucun chemin* » *de fer ne peut s'établir comme concurrent* (1). »

En définitive, le Gouvernement et les Chambres belges n'ont pas cédé à de vaines terreurs. Le canal de Charleroy à Bruxelles a été racheté. Il revient à l'Etat, tout compte fait, à la somme de 10,000,000 fr. Le chemin de fer de Bruxelles à Charleroy a d'ailleurs été terminé, ainsi que celui de Charleroy à Namur. Le Gouvernement a maintenu son tarif de chemin de fer le long du canal, mais il n'a rien changé non plus au tarif du canal, tel qu'il avait été établi avant le rachat.

Voici maintenant les résultats de l'opération.

Nous extrayons des développements donnés par M. le ministre des travaux publics de Belgique à la Chambre des Représentants dans la session de 1843-1844, le tableau suivant des produits du canal, depuis le 11 octobre 1832, jour de son ouverture : (2).

Du 12 octobre au 31 décembre 1832.......	121,668. 83
Année 1833........................	536,317. 48
— 1834........................	609,074. 45
— 1835........................	686,331. 48
— 1836........................	886,092. 37
— 1837........................	918,726. 95
— 1838........................	836,457. 40
— 1839........................	1,027,968. 10
— 1840........................	1,044,101. 82
— 1841........................	1,320,794. 22
— 1842........................	1,339,588. 94

(1) Canal de Charleroy, etc. (Page 185).

(2) Développements nouveaux à l'appui des allocations demandées au chapitre II et au chapitre III, section II. Budget de 1844. (Page 18).

Les recettes des dix premiers mois de l'année 1843 figurent dans le même document pour 1,063,329. 35; et ces dix premiers mois comprennent précisément les temps de chômage.

Enfin les produits du canal sont portés au budget de 1844 pour une recette totale de 1,350,000 fr., c'est-à-dire supérieure de 10,211. fr. 06 à celle de 1842.

Il était essentiel de vérifier si ces prévisions étaient atteintes. Nous avons demandé pour cela à Bruxelles le relevé par mois des produits du droit de navigation pendant les 12 mois écoulés du 1er octobre 1843 au 30 septembre 1844. Nous en joignons le tableau aux pièces justificatives. (Voir le numéro 2.) Il s'élève en total à 1,411,718. 21; ainsi la recette pour l'année écoulée du 1er octobre 1843 au 30 septembre 1844 a dépassé de 61,718. 21 la recette prévue pour 1844.

Le tarif du canal de Charleroy à Bruxelles est fort élevé. Il est réglé à raison de la capacité des bateaux et de leur chargement effectif. La combinaison de ces deux éléments grève une somme de 1000 kilogrammes de charbon, parcourant le canal entier, d'un droit total, y compris le retour à vide de 3 f. 07. Le produit de 1,411, 718. 21 supposerait donc un parcours annuel de 459, 843 tonnes sur la distance entière.

Mais il est fait d'une part des remises sur les charbons destinés à l'exportation, et d'un autre côté, les pavés, les grès, les matériaux de construction, les engrais qui fréquentent le canal en assez grande quantité, sont frappés d'un droit de navigation moins élevé que celui des houilles. En définitive, le tonnage annuel du canal de Charleroy à Bruxelles, ramené au parcours de la distance entière, qui est de 74 kilomètres, les embranchements non compris, ne peut pas être évalué à moins de 500,000 tonnes. C'est donc, pour l'effet utile, l'équivalent de 37,000,000 de tonnes, transportées à un kilomètre.

Comparaison entre le mouvement total de la grosse marchandise sur tout le chemin de fer belge, et le même mouvement sur le seul canal de Charleroy.

Il était intéressant de rapprocher ce résultat du trafic total du chemin de fer en grosse marchandise, et nous avions fait le calcul d'après la situation de l'exploitation du chemin de fer pendant l'année 1843, telle qu'elle a été soumise à la Chambre des représentants dans la séance du 6 février 1844. Mais nous avons aujourd'hui un document plus récent et c'est à celui-là que nous devons naturellement donner la préférence.

D'après le dernier rapport de M. le Ministre des travaux publics de Belgique, le chemin belge a transporté, dans les neufs premiers mois de 1844, 375,639 tonnes de marchandise de roulage réparties ainsi :

1re classe	78 p. %.
2e *idem*	12 ½ p. %.
3e *idem*	1 p. %.
Location de waggons	8 ½ p. %.

En appliquant à cette répartition le tarif belge, on trouve un prix moyen de 10cent 94 par tonne et par kilomètre; et comme la recette totale du chef des marchandises s'est élevée pendant le même temps à 2,340,235f, le trafic du chemin de fer pour cet objet est représenté par une masse de 19,599,874 tonnes portées à un kilomètre. Il faut augmenter ce produit, qui ne s'applique qu'aux neuf premiers mois de 1844, d'un tiers pour avoir le trafic pendant toute l'année. Celui-ci sera donc de 26,133,165 tonnes transportées à 1 kilomètre. Ce sont les 7/10 du trafic du seul canal de Charleroy à Bruxelles.

Nous pouvons appliquer le même calcul au mouvement de la grosse marchandise sur le chemin de fer belge pendant les 12 mois écoulés depuis le 1er octobre 1843 jusqu'au 30 septembre 1844. M. le Directeur du chemin de fer belge a bien voulu nous en adresser l'état récapitulatif par mois. On le trouvera aux pièces justificatives (n° 3). Cet état porte le mouvement total des marchandises, pendant la période dont il s'agit, à 498,021 tonneaux.

La recette pour le transport de station à station, et déduction faite des produits accessoires a été pour le même objet de 3,093,400f 27c.

Le prix moyen résultant de la répartition des marchandises par classe est de 11cent 88c par tonne et par kilomètre pour 1843 et de 10cent 94c pour 1844; soit en moyenne 11cent 40c. L'effet utile du chemin de fer pour l'année comprise entre le 1er octobre 1843 et le 30 septembre 1844, est ainsi de 27,135,125 tonnes à un kilomètre.

Augmentation du mouvement de la marchandise sur le chemin de fer belge pendant l'année 1844.

Le transport de 375,639 tonnes de marchandises de roulage, pour les neuf premiers mois de 1844, correspond à un mouvement de plus de 500,000 tonnes pour l'année entière, c'est 50 p. % de plus qu'en 1843. Cette augmentation considérable s'explique par cette circonstance, que ce n'est qu'en 1844 que le rail-way belge est arrivé à son terme et qu'il a été mis en exploitation sur tout son développement. Ainsi, tandis que l'exploitation ne portait en 1843 que sur 483 kilomètres, elle porte aujourd'hui sur 560; et il est tout simple que le trafic des marchandises se soit accru avec le développement du chemin de fer. Mais ce qui a ajouté considérablement à cette partie des produits, c'est que les dernières sections mises en exploitation sont précisément celles, qui sont destinées par leur nature au plus grand mouvement de marchandises. Ainsi l'augmentation réalisée était pafaitement prévue pour l'époque où le chemin de fer serait ouvert entre Liége et Cologne. La commission des tarifs disait, dans son rapport du 30 mars 1843 :

« Ce n'est que dans le courant de l'année, à l'époque à laquelle notre rail-way touchera la frontière de Prusse, que « l'on peut espérer un grand accroissement de transport, *si toutefois leur prix peut soutenir la concurrence avec celui de la navigation, que l'on organise en ce moment à Rotterdam et à Anvers même par bâtiments à voile et par bateaux à vapeur.* »

Et en effet, le chemin de fer belge rhénan n'est aux prises

entre Louvain et Liége et entre Liége et Cologne avec aucune voie navigable concurrente, si ce n'est avec le Rhin et la Meuse. Or le long détour qu'imposerait la navigation de ces fleuves n'affecte en réalité que les points placés sur leur rive comme Liége et Cologne, car pour les intermédiaires, comme Verviers et Aix-la-Chapelle, il faudra bien subir le transport par la route de fer. C'est toutefois une chose digne de remarque que cette hésitation de la commission des tarifs à se prononcer à l'avance sur les résultats de la lutte qui doit s'ouvrir entre le chemin de fer rhénan et la remonte des fleuves. Ce doute, venant précisément des hommes qui ont en main le plus grand nombre de documents sur la question qui nous occupe, a une grande signification, et montre bien que la lutte avec les voies navigables immédiatement parallèles serait impossible à soutenir. Au reste, comme nous le verrons plus loin, le Gouvernement belge s'occupe en ce moment de réaliser sur son territoire cette concurrence à son chemin de fer rhénan, en ouvrant le canal de la Campine, qui doit rattacher Liége à Anvers par une communication navigable.

Faisons encore remarquer, à l'occasion du dernier rapport de M. le Ministre des travaux publics de Belgique, la manière dont procède le Gouvernement dans la gestion de son chemin de fer. Deux fois les mesures prises par le Zollwerein ont menacé les fers de Belgique d'une augmentation de droits à leur entrée en Prusse. Ces menaces, qui ont enfin abouti à un traité dont la France aurait particulièrement à se plaindre, ont nécessairement amené, pendant qu'elles étaient pendantes, un mouvement extraordinaire des fers et fontes belges vers la Prusse. Pour favoriser ce mouvement, et pour détruire l'effet fâcheux de l'augmentation des droits sur les fontes à leur sortie de Belgique, le Gouvernement s'est empressé de réduire de 50 % les frais de transport sur le rail-way belge des fers exportés en Allemagne. Cette réduction a duré pendant les mois d'août et de septembre. Enfin ces expéditions extraordinaires avaient Liége pour point de départ, bien qu'elles provinssent non-seulement des usines de Liége, mais encore de celles de Charleroy, dont les produits étaient amenés à Liége par la navigation à la descente de la Sambre et de la Meuse.

C'est là, comme nous l'avons dit, un sacrifice notable sur le revenu direct du rail-way. Il suffit pour s'en convaincre de rappeler encore un passage du rapport de la commission des tarifs. Voici ce qu'on lit, page 133 du compte rendu du 12 avril 1843 :

« Ce produit du transport des marchandises de roulage » par convois spéciaux, couvre à peine les frais de ce ser- » vice pour toutes les distances au-dessous de dix lieues (50 » kilom.), attendu que les frais fixes comme ceux d'allumage » des locomotives, de consommations de combustibles pendant » qu'elles restent allumées dans les stations avant le départ » des convois et après leur arrivée, ceux de chargement et » de déchargement des voitures, enfin les frais généraux d'ad- » ministration sont les mêmes pour un convoi ne faisant que » cinq lieues que pour un autre qui en ferait 25, et dont le » produit serait quintuple. »

Or, le parcours moyen de toutes les marchandises de roulage pendant les neuf premiers mois de 1844, n'excède pas 53 kilom. ou 10 lieues 3/5, et surtout les transports de fonte, expédiés extraordinairement de Liége vers la frontière prussienne, ne parcourent en tout sur le territoire belge que 35 kilom. pour atteindre la frontière où l'on change de locomotive. Ainsi il y a eu perte sur ce point; mais il y a eu aussi pour le pays accroissement de production intérieure et appui efficace à l'industrie nationale, et, pour un Gouvernement, cette considération est capitale.

Accroissement dans les produits des droits de navigation surtoutes les lignes navigables de Belgique en concurrence avec le chemin de fer.

Revenons à l'examen du système de navigation de la Belgique. Nous trouvons, dans les développements de M. le Ministre des travaux publics déjà cités, des renseignements sur les produits des rivières et canaux en 1842, et sur les prévisions du budget pour 1844. Voici le résumé de ces renseignements pour les principales voies navigables parallèles au chemin de fer.

INDICATION des voies de navigation.	PRODUIT des droits de navigation en 1842.	PRODUIT présumé pour 1844 d'après les prévisions du budget de cet exercice.	PRODUIT connu pour les 12 mois écoulés depuis le 1er octobre 1843, jusqu'au 30 septembre 1844.	OBSERVATIONS.
Sambre canalis.	436,167 91	460,000 »	525,590 03	Voir pour les produits connus indiqués ci-contre, la pièce justificative n° 4.
Canal de Bruxelles à Charler.	1,339,588 94	1,350,000 »	1,411,718 21	
Escaut.......	66,486 26	70,000 »	94,709 77	
La Lys.......	58,880 53	60,000 »	57,549 03	
La Deuvre....	22,423 24	19,000 »	Inconnu.	
Le Derner....	4,012 86	4,000 »	Inconnu.	
	1,927,559 74	1,963,000 »		

On voit donc que les prévisions du Gouvernement, en ce qui concerne la perception des droits de navigation pour les rivières et canaux en concurrence avec les chemins de fer, ne dénotent aucune crainte de lutte entre les deux voies, et que ces prévisions sont plus que vérifiées par les résultats de l'exploitation pour les 12 mois qui ont fini au 30 septembre dernier.

Le Gouvernement belge, qui a appliqué aux voies navigables concurrentes du rail-way, des augmentations en rapport avec les accroissements de produits réalisés dans le précédent exercice, a diminué, au contraire, le chiffre des produits prévus pour les rivières qui sont par leur direction hors d'atteinte de cette concurrence.

Ainsi la Meuse qui en 1842 a produit 85,900f 62, n'est portée au budget de 1844 que pour une recette de 80,000 francs.

Le canal de Mæstrich à Bois-le-Duc ne figure dans le même budget que pour une recette de 40,000f.. tandis que son produit en 1842, a été de 53,235f 55 ; mais ces réductions tiennent aux conventions faites les 5 novembre 1842, et 20 mai 1843, avec les pays limitrophes pour l'abaissement des droits de navigation sur les lignes internationales.

Réductions accordées sur les tarifs de navigation.

Les tarifs de navigation de la Belgique ont été modifiés sous un autre rapport. Un arrêté royal du 1er septembre 1840 a réduit de 10 centimes par tonneau et par lieue de parcours (5 kilom.) le péage sur la Sambre belge pour ce qui concerne le charbon de terre, le fer de fonte et les ardoises à destination de France par la Sambre supérieure.

Un autre arrêté du 17 juillet 1841 a réduit de moitié, pour le charbon de terre exporté en Hollande, le taux des péages sur les rivières et canaux de l'Etat.

Le résultat de ces deux mesures a été de doubler les exportations vers la France par la Sambre canalisée, et d'augmenter dans le rapport de 41 à 56, les exportations de houille en Hollande.

Le Gouvernement voulant généraliser la mesure et en faire l'objet d'une disposition législative, a pris l'avis des Chambres de commerce. Nous joignons ici, sous le n° 5 des pièces justificatives, quelques extraits de ces avis tels que nous les trouvons dans l'exposé des motifs du projet de loi présenté à la Chambre des représentants dans sa séance du 18 mars 1842. On trouvera aussi aux mêmes pièces justificatives un extrait des considérations présentées par M. le Ministre des travaux publics à l'appui de la proposition du Gouvernement, qui tendait à réduire les péages des canaux et rivières, perçus au profit de l'Etat :

« 1° Sur les productions du sol ou de l'industrie du pays » qui sont exportés ;

« 2° Sur les matières premières exotiques servant à l'in» dustrie nationale. »

Ainsi l'accroissement progressif des recettes ne fait juger qu'imparfaitement des progrès du mouvement de la navigation, qui a augmenté dans un rapport beaucoup plus grand que celui des recettes, puisque celles-ci reposent sur des tarifs réduits.

Ces expériences auxquelles la Belgique soumet ses tarifs, outre qu'elles sont de nature à faire apprécier l'influence productrice d'un bon système de navigation intérieure, convenablement géré et tarifé, fournissent encore un nouveau rapprochement avec les chemins de fer.

Réductions analogues sur le tarif du chemin de fer.

Des modifications analogues à celles dont nous venons de parler pour les tarifs des canaux et des rivières, ont été appliquées par les arrêtés ministériels des 21 avril et 25 octobre 1842, au tarif des chemins de fer. Ces arrêtés accordent en effet une remise de 20 p^r^ 0/0 sur les prix du transport

Des produits indigènes destinés à l'exportation ;

Des produits étrangers passant en transit ;

Et de 12 espèces de matières premières exotiques entrant par importation dans le pays.

Mais avec la condition, pour ces trois espèces de transport, que cette remise n'aurait lieu que par charge complète d'un waggon pour les marchandises des deux premières classes, et pour un chargement de 500 kilog. au moins pour les marchandises de 3me classe.

Cette réduction est égale pour la 1re classe à celle de 0^f^10 par tonne et par lieue de 5 kilom., qui avait été mise en expérience sur la Sambre en suite de l'arrêté royal du 1er septembre 1840. Pour la 2me et la 3me classe la réduction de 20 p^{r} 0/0 s'élève respectivement à 0fr. 15 et 0fr. 20 par tonne et par lieue.

Or, la commission des tarifs a voulu se rendre compte des résultats obtenus par cette réduction, et nous donnons aux pièces justificatives l'extrait de son rapport sur ce point (pièce n° 6). On y voit que les transports des produits étrangers en transit, des produits indigènes destinés à l'exportation, et des matières exotiques admises à l'importation, n'entrent pas même,

Pour 2 ¾ p^{r} % dans le montant total des transports,

Et pour 4 ⅓ p^{r} % dans celui de la recette.

Aussi la commission ne propose-t-elle le maintien des réductions mises en expérience que parce qu'elles procurent des chargements complets de waggons, ce qui importe à l'économie dans le service des convois.

Influence différente de ces réductions sur le développement des rapports internationaux.

Ainsi, tandis que les réductions de tarif sur les voies navigables augmentent dans une proportion considérable les exportations de la Belgique, des réductions équivalentes sur le tarif du chemin de fer n'ont aucune action sensible sur ses rapports avec l'étranger. Voilà le fait significatif proclamé par l'expérience de nos voisins. En définitive, les réductions dont il s'agit, maintenues pour les chemins de fer seulement comme moyen de compléter les chargements par waggon, ont été étendues pour les canaux et les rivières dans le but plus large du développement du commerce et de la prépondérance de l'industrie nationale.

C'est qu'en effet les canaux ont une puissance bien supérieure à celle des chemins de fer pour le transport des matières pondéreuses. Nous l'avons vu par la comparaison du mouvement du seul canal de Charleroy à Bruxelles avec celui de toutes les marchandises de roulage sur le développement entier du chemin de fer belge. Cette comparaison est trop concluante pour que nous n'ayons pas cherché à la compléter en l'étendant aux autres voies navigables de la Belgique.

Le canal de Bruxelles au Ruppel est la propriété de la ville de Bruxelles. Nous devons à l'obligeance de M. le Directeur des taxes municipales de cette ville, le tableau des produits du canal de Bruxelles au Ruppel depuis 1833 jusqu'à 1843 inclusivement et un autre relevé du même mouvement pendant les 12 mois écoulés depuis le 1er octobre 1843, jusqu'au 30 septembre 1844. On voit dans le premier de ces tableaux (pièces justificatives, n° 7) combien le mouvement du canal s'est accru particulièrement à partir de 1836, c'est-à-dire depuis l'ouverture du chemin de fer d'Anvers, qui a rattaché, comme le canal même, ce port à la capitale du royaume. Canal de Bruxelles au Ruppel

Le 2e tableau montre que depuis le 1er octobre 1843, jusqu'au 30 septembre 1844 inclusivement il est entré à Bruxelles :

13,845 bateaux jeaugeant en tout 751,247 tonnes.

Et qu'il en est sorti 13,816 bateaux, dont le tonnage est de 488, 833 tonnes.

La navigation actuelle de Bruxelles au Ruppel dépasse donc 750,000 tonnes par an.

La recette d'après le même tableau a été pour la même période de temps de . . . . 211,298f 15 à appliquer tant au parcours qu'aux droits d'embarquement et de débarquement pour les objets à destination de Bruxelles, ou expédiés de ce port; ces droits d'embarquement et de débarquement s'appliquent seulement aux provenances ou aux expéditions du canal de Willebrock, les bateaux venant de celui de Charleroy n'étant assujettis à aucune taxe pour leur entrée ou leur séjour dans les bassins de Bruxelles.

Anvers est le port le plus rapproché de Bruxelles, on peut donc prendre la distance qui sépare ces deux villes pour le parcours moyen des marchandises à destination de Bruxelles ou en provenant, cette distance est de 54 kilomètres; et appliquée au tonnage effectif du canal de Bruxelles au Ruppel, de 750,000 tonneaux, elle donne pour effet utile total 40,500,000 tonneaux à un kilomètre, ou une fois et demie l'effet utile de tout le chemin de fer belge, en ce qui concerne le mouvement de la grosse marchandise.

Réponses à quelques objections concernant le canal de Charleroy et celui de Bruxelles au Ruppel.

Voilà des faits; ils sont décisifs, tandis que les objections qu'on a jetées au hasard dans la discussion, comme pour prendre ses sûretés contre des conséquences prévues, ne supportent pas un moment de réflexion et d'examen.

Ainsi on a dit, en ce qui concerne le canal de Charleroy, que sa position, sa liaison avec les mines de houille et avec les carrières, rendaient, quant à présent, toute concurrence du chemin de fer impossible.

Pour le canal de Bruxelles au Ruppel, on a dit : c'est un canal maritime, qui est fréquenté par les bâtiments de mer; et contre les bâtiments de mer, il n'y a pas de lutte possible.

Or, les embranchements du canal de Charleroy sont desservis par des chemins de fer, et rien ne serait plus facile que de rattacher aux houillères la section du rail-way de Charleroy à Bruxelles qui coupe plusieurs fois le canal. D'ailleurs le tarif sur le canal est très-élevé,il forme plus des $3/5$ du prix total du fret; ce qui serait encore une chance favorable pour le chemin de fer. Enfin, quand le canal chôme, le chemin de fer fait immédiatement une grande partie de son service; et le canal récupère l'intégralité de ses transports aussitôt que la navigation s'y rétablit, et cela par le seul choix du commerce sans aucune instigation quelconque de l'administration. Aussi le mois d'août est-il le plus chargé par le mouvement de la grosse marchandise sur le rail-way; c'est en effet le mois de chômage sur les canaux belges, et alors le chemin de fer vient suppléer naturellement, et dans la limite de ses facultés, à l'interruption de la navigation, qui reprend immédiatement toute son immense clientèle à l'issue du chômage.

Pour le canal de Bruxelles au Ruppel, qu'importe qu'il soit praticable aux bâtiments de mer, si, au bout du compte, il est fréquenté, surtout par des bateaux d'un très-petit tonnage? Que sont en effet ces 27,661 navires entrés à Bruxelles ou sortis de ses bassins pendant l'année écoulée du 1er octobre 1843 au 30 septembre 1844? Ils présentent ensemble un tonnage total de 1,600,080 tonneaux. C'est, terme moyen, moins de 58 tonnes par bateau. Est-ce donc là une navigation maritime? Les bâtiments de mer qui arrivent à Bruxelles ne jaugent jamais au delà de 150 tonneaux; c'est le port ordinaire des bateaux sur nos canaux français. Mais les bateaux de 40 à 50 tonneaux sont de beaucoup les plus nombreux; et voilà comment le tonnage moyen n'atteint pas 60 tonneaux. Qu'on n'aille donc pas élever au rang d'une navigation maritime ce qui n'est en réalité qu'une navigation fluviale servie par des bateaux de petite capacité.

Enfin, ces objections ne valent rien, parce que le fait de l'augmentation du tonnage sur les voies navigables de Belgique se reproduit partout, sur les rivières et sur les canaux, quelles que soient leurs sections et leur position. Les prévisions budgétaires pour 1844, et les dernières recettes des droits de navigation comparées à celles de 1842, le prouvent incontestablement.

Évaluation approximative de l'effet utile total des transports sur les voies navigables de Belgique.

Pour donner une idée générale du mouvement des voies navigables de la Belgique, nous avons dressé l'évaluation approximative de *l'effet utile total*, produit par leur circulation actuelle. Cette évaluation fait l'objet du tableau n° 9 des pièces justificatives. On voit qu'elle ne comprend pas toutes les lignes navigables. Les tonnages qui figurent au tableau ne résultent d'ailleurs pas tous de documents officiels; il a fallu, pour la plupart, les déduire du rapprochement du droit moyen de chaque tarif avec la recette totale annuelle correspondante. Toutefois, et malgré l'incertitude dont la complication des tarifs frappe cette méthode, la conclusion finale doit approcher de la vérité, et la différence n'est pas moins probable par excès que par défaut. Cette conclusion, la voici : le mouvement annuel des marchandises, sur l'ensemble du réseau navigable de la Belgique, dépasse à coup sûr 275,000,000 de tonnes portées à un kilomètre. Il est donc plus que décuple de l'effet utile total du chemin belge, en ce qui concerne le mouvement de la grosse marchandise pendant les 12 mois écoulés depuis le 1er octobre 1843 jusqu'au 30 septembre 1844 !

On retrouve encore ici cette énorme distance qui sépare la puissance des chemins de fer de celle des voies navigables, lorsqu'il s'agit du transport des masses pondéreuses.

Travaux de canalisation en Belgique. — Canal de la Campine.

C'est parce que tout cela est parfaitement étudié et parfaitement compris en Belgique, que le Gouvernement et les Chambres n'hésitent pas à imposer au pays de nouveaux sacrifices, pour le perfectionnement et l'extension de la navigation intérieure. M. le Ministre des travaux publics a fait publier en 1842, un rapport général sur les voies navigables du royaume, suivi de propositions qui se résument en une dépense de 41,542,610^{f} tant pour l'amélioration de la navigation existante, que pour la création de nouveaux canaux. Nous citons aux pièces justificatives, n° 10, le premier paragraphe des conclusions de ce rapport, parce qu'il fait parfaitement comprendre son objet.

Les Chambres se sont associées aux vues du Gouvernement. Des travaux considérables d'amélioration sont entrepris sur la Meuse, sur l'Escaut, sur le Ruppel, etc. Mais l'ouvrage qui mérite le plus de fixer l'attention, est le canal de la Campine, qui doit unir Anvers à Liége, en joignant Herenthales, sur la petite Nethe, à Bockholt sur le canal de Mæstricht à Bois-le-Duc. C'est une concurrence par eau qu'on crée ainsi au chemin de fer d'Anvers à Liége, et il est digne de remarque que le Gouvernement a eu particulièrement en vue cette concurrence, bien que l'Etat perçoive exclusivement le revenu du chemin de fer. On trouve en effet, à la page 431 du rapport, la comparaison du prix du fret par les deux voies. Elle établit le prix du transport des carrières ou des fosses à mines des environs de Liége aux bassins d'Anvers :

1° Par le canal de la Campine pour 165 kilomètres à	9f 76c
2° Par le chemin de fer pour 120 kilomètres.....	13f 50c
Différence en faveur du canal............	3f 74c

Et le rapport ajoute : « Ce ne serait donc que par des mo-« tifs de convenance, de rapidité, ou par l'empêchement sur les « rivières et les canaux aux époques de chômage, de manque « d'eau et pendant les gelées, que le chemin de fer pourrait « être préféré à la voie navigable. »

Voilà sur quelles considérations, toutes d'intérêt public, est fondée l'entreprise du canal de la Campine. Il est aujourd'hui en pleine exécution. Une première loi du 29 septembre 1842 lui a attribué à titre d'à-compte un crédit de 1,750,000f, qui a été augmenté d'un nouvel à-compte de 1,110,000f par une loi rendue dans la session de 1844; un nouveau crédit doit être demandé dans la session actuelle.

Ainsi, malgré le progrès considérable du trafic de son chemin de fer, la Belgique n'a cessé de voir le mouvement de sa navigation intérieure s'accroître dans toutes les directions parallèles ou non, concurrentes ou non, avec le rail-way; et loin qu'elle redoute cette rivalité, elle tend à la développer par des améliorations continuelles et simultanées aux deux voies. Enfin pour elle, loin que l'existence d'un chemin de fer soit *une raison invincible* pour ne pas faire un canal; ce serait plutôt, les faits le prouvent, une raison de plus de l'exécuter. Et on le répète, le Gouvernement belge a en main les documents d'une vaste expérience. Il exploite directement et les chemins de fer et la plus grande partie des voies navigables du royaume.

Aucun résultat n'est perdu; tout est au contraire scruté, discuté, rigoureusement apprécié. Certes, ce qu'on aurait de mieux à faire, à défaut de motifs suffisants pour diriger sa conduite en pareille matière, ce serait de s'en rapporter à l'expérience de gens qui procèdent avec tant de sagesse, de circonspection et de mesure. La France ne risquerait donc pas de s'égarer en suivant l'exemple de la Belgique, si la question des chemins de fer était encore nouvelle pour la France. Mais elle rencontre aussi chez elle de très-utiles enseignements. Nous y viendrons tout à l'heure, parlons d'abord de ce qui se passe en Angleterre.

Canaux et chemins de fer en Angleterre.

Là, l'expérience se fait sur une échelle plus grande encore qu'en Belgique. Mais il est moins facile d'en apprécier les résultats, à cause du mystère dont s'entoure l'industrie particulière qui dispose de tous les canaux et de tous les chemins de fer concurrents. Toutefois les enquêtes parlementaires, et le cours des actions à la bourse peuvent fournir d'importantes indications.

Ce dernier document a pris une assez grande place dans la discussion; mais sous l'influence de l'irréflexion qu'entraîne une préoccupation unique, on n'a pas examiné avec assez d'attention les faits et leurs circonstances et on a été conduit ainsi à des conséquences dénuées de toute sérieuse justification, et que l'expérience s'est déjà chargée de démentir.

Un haut fonctionnaire du corps des ponts et chaussées dont les précédents écrits avaient déjà jeté un grand jour sur plusieurs questions délicates du tracé et de la pratique des chemins de fer, a nettement rétabli la valeur des faits, au point de vue de l'économie publique (1). Il a fait voir que la dépréciation du capital,

(1) Des conséquences du voisinage des chemins de fer et des voies navigables, par M. Minard, inspecteur divisionnaire des ponts et chaussées. Juin 1844.

que le cours de leurs actions attribuait aux canaux au moment de l'ouverture des chemins de fer concurrents, laissait encore à ces canaux une valeur totale fort supérieure à leur valeur primitive; que cette dépréciation se retrouvait, et au delà, dans l'augmentation de valeur acquise par les chemins de fer, de sorte qu'il n'y avait pas destruction, mais seulement déplacement d'une partie du capital; que d'ailleurs, et c'est le point essentiel, les bénéfices pour le public en diminution de péages sur les canaux, et de prix de transport sur les chemins de fer, étaient eux-mêmes incomparablement plus grands que la dépréciation du capital total des voies de navigation.

Or, comme ce sont précisément ces avantages perçus par le public, qui constituent l'utilité générale, comme c'est là ce qu'on recherche dans la création des voies de communication de quelque nature qu'elles soient, il est clair que la considération de la valeur vénale de chaque entreprise, canal ou chemin de fer, ne peut être ici qu'accessoire, et que c'est étrangement s'abuser que de chercher dans le cours des actions ou dans leur produit la mesure de la valeur intrinsèque d'une entreprise de ce genre. Ce n'est pas sur les charges qu'il impose, c'est sur les services qu'il rend qu'un canal ou qu'un chemin de fer doit être estimé; et le capital qu'il représente résulte des avantages généraux qu'il procure au commerce et à l'industrie, et non pas des prélèvements que l'acte de concession autorise et qui viennent en déduction de ces avantages. En un mot, on ne fait pas des chemins de fer et des canaux pour créer des revenus à ceux qui les exécutent, mais bien pour multiplier les relations, la production, les échanges, développer le commerce et activer l'industrie. Les revenus de concession ne sauraient être en aucun cas présentés comme le but; ils fournissent seulement un moyen d'y arriver.

Ces idées sont si élémentaires qu'il y aurait une sorte de naïveté à les rappeler, si chaque jour et à chaque occasion, elles n'étaient si singulièrement méconnues. Il y a tels canaux anglais qui ont payé dix fois leur capital, il en est dont les actions ont été vendues à trente fois leur prix d'émission; et, pour le dire en passant, il n'y a pas de chemin de fer, ni en Angleterre ni ailleurs, qui ait encore présenté une pareille prospérité et de tels résultats. Or, pour ces canaux si productifs, pour leurs actionnaires, que représentent donc leurs revenus actuels? Ce n'est pas le remboursement du capital d'exécution, puisqu'il y a longtemps que ce capital est amorti; puisque les exploitants ont retrouvé dix capitaux pour un. Qu'est-ce donc encore une fois? Aussitôt que ce n'est plus la rémunération d'un service depuis longtemps soldé et à gros intérêt, c'est un impôt! C'est un véritable impôt prélevé sur le commerce et l'industrie au profit d'un individu ou d'une association d'individus. C'est, au milieu de notre société si exclusive du privilége, le retour, sous une autre forme et sous une dénomination nouvelle, de véritables droits féodaux. Car il est impossible d'attribuer un autre caractère à des perceptions qui frappent la circulation sur la voie publique, et qui n'ont plus pour justification la création même de cette voie.

Or, est-ce que la destruction des droits féodaux a jamais pu être considérée comme l'anéantissement d'un capital? Est-ce que le jour où le passage sera libre et gratuit sur le pont des Arts et le pont d'Austerlitz, il y aura un capital détruit, parce qu'il n'y aura plus de perception? Et, par analogie, la diminution des produits des canaux, par suite d'une concurrence dont le public profite, peut-elle être raisonnablement considérée comme le gaspillage d'une partie du capital social? C'est là chercher le capital social où il n'est pas, c'est prendre dans l'immense bilan de la fortune publique le passif qui la grève, sans tenir compte de l'actif. On s'étonne donc que cette erreur ait été celle d'un jeune publicite, qui a abordé cette discussion avec une verve de talent qui a un moment laissé l'opinion publique indécise, habituée qu'elle était à recevoir de ce côté une saine discussion des vrais principes.

Des conséquences à déduire de la comparaison des cours des actions des canaux et des chemins de fer.

Quelle était la position des canaux anglais au moment de l'ouverture des chemins de fer ?

En Angleterre les routes sont grevées d'un droit de barrières très-élevé, et elles repoussent d'une manière absolue certains transports, comme celui des houilles. Les routes anglaises ne pouvaient donc pas faire une concurrence efficace aux canaux. Ceux-ci, qui ne valent pas les canaux français pour la commodité de leur section et pour la disposition générale de leurs tracés, leur sont supérieurs par la richesse de leur alimentation, par la moindre hauteur des faîtes à franchir, et surtout par la continuité des lignes navigables où l'on ne trouve pas, comme chez nous, des transformations brusques dans les circonstances essentielles de tirants d'eau, d'alimentation et de vitesse des courants. Ainsi affranchis de toute concurrence sérieuse de la part des routes, dont ils égalaient la vitesse, et à la faveur des avantages qui leur assuraient une locomotion facile, économique, régulière et sans solution de continuité, les canaux anglais ont vu leur trafic se développer rapidement, et sont arrivés à une immense prospérité par l'absorption complète des transports qui s'effectuaient dans leur direction, et cela malgré les tarifs énormes dont ils étaient grevés, sans grand inconvénient pour leur suprématie, puisque le roulage aurait eu à subir des tarifs tout aussi onéreux sur les routes.

Les chemins de fer ont donc trouvé les canaux nantis d'une sorte de privilége, et usant largement de leur position, ou plutôt en abusant, comme le privilége y invite toujours. C'est ainsi que plusieurs navigations, entre autres celles qui unissent Liverpool à Manchester, étaient laissées dans un état déplorable avant la concurrence des rails-ways. Eh bien ! à cette position exceptionnelle, les chemins de fer ont substitué l'obligation de la lutte, ils ont fait succéder la rivalité au privilége. Leur premier effet a été l'abaissement des tarifs sur les canaux; le second, la nécessité pour les concessionnaires de ceux-ci de se livrer aux améliorations et aux perfectionnements réclamés par le commerce, et dont ils avaient pu jusqu'alors avoir peu de souci. Il eût été vraiment fort extraordinaire que les actions des canaux n'eussent subi aucune dépréciation sous l'action combinée de cette augmentation de charges d'une part, et d'une réduction très-sensible d'un autre côté, dans un des éléments essentiels des produits ; et il y a une sorte de puérilité à ouvrir ici des yeux étonnés, comme si l'on s'attendait que les chemins de fer, nouveaux venus, laisseraient forcément les choses dans leur ancien état, et n'auraient absolument aucune influence sur le trafic des voies navigables, jusqu'alors à l'abri de toute concurrence.

Cette rivalité des chemins de fer et des canaux, qui ne date que de l'ouverture des chemins de fer, ne peut évidemment être étudiée que sur les faits postérieurs à leur exploitation. Et puisqu'on veut argumenter sur le cours des actions, c'est de la comparaison de la *valeur actuelle* de celles des canaux et des chemins de fer qu'on peut déduire des conséquences utiles, et non pas du rapprochement de la dépréciation subie par les actions des canaux avec l'augmentation acquise à celles des rails-ways; quand on prend pour point de départ, d'un côté les actions des canaux à leur valeur *maximum* avant l'ouverture des chemins de fer, et d'un autre côté les actions des chemins de fer à leur valeur *minimum*, c'est-à-dire aux prix d'émission.

Si l'on veut arriver à une comparaison raisonnable et logique, qu'on commence donc par prendre le même point de départ.

M. l'inspecteur Minard nous fournit à cet égard d'importants renseignements dans son écrit du mois de juin dernier. Il donne pour les principaux canaux, concurrents des rails-ways, le tableau de leur valeur en capital, 1° à l'origine ou au prix d'émission des actions; 2° avant l'ouverture des rails-ways concurrents; 3° après l'ouverture de ces rails-ways en mai 1843; et il met en présence, pour les chemins de fer rivaux, un tableau analogue qui offre, outre la valeur primitive du capital engagé, la valeur du capital représenté par le cours des actions, en mai 1843 et au 15 mars 1844.

Le premier de ces tableaux montre que les canaux ont absorbé à l'origine un capital effectif de... 10,567,000 liv. sterl.

Et qu'ils valaient en mai 1843, après l'ouverture des rails-ways concurrents.................. 22,474,600 liv. sterl.

C'est deux fois un quart le capital d'émission.

Il résulte du second tableau que l'exécution des chemins de fer en rivalité avec les canaux, a employé un capital effectif de........................ 30,059,700 liv. sterl.

Qui se trouvait représenté d'après le cours des actions au 15 mars 1844 par un capital de........ 50,648,000 liv. sterl.

C'est une fois et deux tiers le capital primitif.

Ainsi la première conclusion à déduire de la situation particulière signalée par les tableaux de M. Minard, c'est qu'en Angleterre, dans le commencement de cette année, on retrouvait encore, pour un capital de 100 f. employé en canaux, une valeur de 225 f. ; tandis que le même capital mis dans la construction d'un chemin de fer, ne reproduisait qu'une valeur de 166 francs.

Toutefois les tableaux précités montrent aussi que les canaux qui avaient, au mois de mai 1843, une valeur totale de 22,474,600 liv. sterl., avaient atteint, sous le régime du privilége, la valeur de 31,366,100 liv. sterl.; et que les chemins de fer avaient passé par la valeur de 41,636,800 liv. sterl. pour arriver à celle qu'ils avaient au 15 mars dernier. On s'est empressé de déduire de ce double fait une loi de progrès presque indéfinie pour les rails-ways, et de décroissance continue pour les lignes navigables. C'est là ce que l'expérience n'a pas confirmé.

Nous produisons aux pièces justificatives les tableaux des canaux et des chemins de fer concurrents qui étaient cotés à la bourse de Londres le 29 octobre dernier (1).

Sur ces tableaux, les cours, à cette époque, sont rapprochés non-seulement de la valeur primitive des actions, mais encore, pour les canaux, des cours avant l'ouverture du rail-way, et au 15 mars 1844; et, pour les chemins de fer, des cours en mai 1843, et en mars 1844. On voit par la comparaison des chiffres que deux canaux avaient sensiblement perdu, ce sont les petits canaux de Cromfort et d'Erewash qui, au moyen du canal de Nottingham, réunissent Cromfort à cette dernière ville. Le canal de Nottingham n'est pas coté à la Bourse, les actions de celui de Cromfort sont tombées de 300 livres à 250, du mois de mars au mois d'octobre, et celui d'Erewash de 500 livres à 450 dans le même intervalle. Les valeurs d'émission sont d'ailleurs de 100 livres par action.

Quant aux canaux qui font partie de la grande ligne de communication de Londres à Liverpool, leurs actions se sont en général notablement améliorées, ainsi les actions ont monté :

Pour le canal de Coventry de 350 liv. à 365; pour celui de Grande-jonction, de 155 à 162.

Le canal d'Oxford, sur la route de la Tamise à Birmingham, et qui du mois de mars au mois d'avril était tombé de 520 à 502 livres par action, est remonté à 505 livres en octobre.

Les actions du canal de Lancaster se sont élevées du 15 mars au 29 octobre de 26 livres à 40.

Celles des canaux de Derby et de Grande-Union sont restées stationnaires et celles des canaux de Birmingham, de Leeds et Liverpool et de Leicester n'ont que faiblement fléchi.

Pendant cette période de lutte, que devenaient les chemins de fer ?

(1) Voir les pièces n°s 11 et 12

Les actions du Grand-jonction tombaient de 231 livres à 213.

Celles du chemin de Londres et Birmingham de 233 à 214.

C'est la contre-partie des améliorations produites dans les canaux de Grand-jonction et de Coventry.

Les actions du rail-way de Liverpool à Manchester fléchissaient aussi de 220 livres à 203.

Celles de Londres et South-Western de 83 à 73.

Enfin celles de Manchester à Leeds de 116 à 110, c'est une perte de $^1/_{18}$ tandis que les canaux concurrents gagnaient, puisque les actions du canal de Hudersfield s'élevaient de 13 livres à 21, et que celles du canal de Rochedale passaient de 58 livres, (leur valeur en mai 1843) à 62; tandis qu'enfin le canal de Liverpool à Leeds, également rival du chemin de fer de Manchester à Leeds ne perdait que $^1/_{65}$, les actions tombant seulement de 650 livres à 640.

Si donc la dépréciation du cours des actions des canaux en 1843 prouvait qu'ils succombaient dans la lutte contre les chemins de fer, l'amélioration de ces cours en 1844, rapprochée de la tendance à la baisse pour les actions des chemins de fer, prouve incontestablement que les canaux reprennent le dessus et qu'ils ont en eux-mêmes de puissants moyens de résistance.

Voilà le premier enseignement que les cours de la bourse puissent nous offrir dans la question. On voit qu'il diffère beaucoup des résultats prédits. D'ailleurs, qu'on ne perde pas de vue que la lutte est engagée au profit du public, qu'elle vient en aide au commerce et à l'industrie et que les réductions de bénéfices ainsi imposées de part et d'autre aux deux adversaires, ne donnent qu'une très-faible idée des avantages généraux qui résultent en définitive de la concurrence.

Mais les indications des cours de la bourse nous fournissent encore une autre observation : On voit aux tableaux ci-joints n°s 11 et 12, que les revenus des canaux sont en général supérieurs à ceux des chemins de fer; ce qui promet une nouvelle amélioration dans les cours des premiers dont la cote ressort d'une recette relativement plus forte que la recette des seconds. En tenant compte des revenus qui sont ici l'élément le plus concluant,la valeur des canaux, calculée sur le prix actuel des actions,se trouve amoindrie, tandis que celle des chemins de fers est exagérée. Ainsi, c'est le jeu, plus que leurs produits réels, qui attire les capitaux vers les chemins de fer.

Canal de Croydon converti en chemin de fer.

Que sont donc devenus ces pronostics inquiétants du commencement de cette année? Il n'était question alors que de la ruine imminente des canaux; il semblait qu'en Angleterre particulièrement, ils fussent tous à la veille d'être comblés et remplacés par des chemins de fer; on annonçait que plusieurs Compagnies concessionnaires étaient en instance auprès du Parlement à ce sujet. De toute cette panique, dont les propriétaires de canaux sont parfaitement remis aujourd'hui, qu'est-il sorti? Nous avons cherché vainement la trace de ces transformations de canaux en chemins de fer. Un seul fait nous a été signalé. Il concerne le petit canal de Croydon, de 15 kilomètres de longueur, qui était un impasse vers Croydon, et qui débouchait vers la Tamise dans le canal de Grand-Surrey. Ce canal de Croydon a été concédé en 1801. Il a coûté 80,000 livres sterling. Voici ce qu'en disait, en 1819, M. Cordier, inspecteur divisionnaire des ponts et chaussées.

« Il est probable que ce canal qui n'est placé, ni dans le voi-
« sinage des mines ou des manufactures, ni à proximité des
« grandes villes, ne rendra pas l'intérêt des fonds qu'il a coû-
« tés (1). »

Le fait est que le canal de Croydon était une mauvaise opération et que l'entreprise était morte d'inanition avant la con-

(1) Histoire de la navigation intérieure, etc., par M. J. Cordier, etc. — Paris. 1819. 1er vol. Page 29 — (6).

struction du chemin de fer qui l'a remplacée. Les actions de celui-ci sans être dans une position brillante, se soutiennent à la bourse, mais ce n'est pas au trafic des marchandises qu'elles le doivent puisqu'il n'était en 1842 que de 7,317 tonnes, donnant une recette brute de 21,375 fr. Ce qui fait le succès du chemin de fer de Croydon, c'est qu'il fait partie de la grande ligne de Londres à Britghon et on conçoit la valeur qu'il retire de ce prolongement, qui sextuple son développement, au travers d'un pays très-peuplé, et qui le rattache à la mer et au rail-way qui longe le littoral. Ceci prouve donc seulement que, quand on a un canal qui ne transporte pas de marchandises et qui, par conséquent, ne donne pas de produit, il vaut mieux en faire un chemin de fer, qui transportera des voyageurs, de la messagerie et des bagages, que de n'en rien faire du tout. D'ailleurs, pour ceux qui croient à l'extrême facilité de convertir un canal en chemin de fer, nous dirons que le chemin de fer de Croydon a coûté 672,000 livres sterling ou 16,800,000 fr. pour une longueur d'environ 15 kilomètres; ou, terme moyen, plus de 1,100,000 fr. par kilomètre!

La même compagnie propriétaire d'un chemin de fer et du canal concurrent.

Toutefois, l'exemple du canal de Croydon avait séduit la Compagnie du chemin de fer de Manchester et de Bolton. D'après un extrait de l'ouvrage de Whishaw que M. l'inspecteur Minard a bien voulu nous transmettre (1), cette compagnie avait eu l'intention de convertir en chemin de fer le canal de Manchester, Bolton et Bury, en s'écartant de la ligne dans les parties où les sinuosités étaient trop défavorables, mais en suivant généralement le cours de la voie d'eau. Cette Compagnie convint d'acheter le canal pour une somme de plus de 2,500,000 fr., et le marché fut confirmé depuis par son acte d'incorporation. Toutefois, par un acte postérieur du parlement, le droit

(1) Des rail-ways de la Grande-Bretagne, de l'Irlande, par Whishaw, pages 306 et suivantes.

de supprimer le canal fut révoqué et l'autorisation de construire le chemin de fer fut maintenue.

Celui-ci a été ouvert en mai 1838. Il a 16 kilomètres de développement et il a absorbé 19,425,000 francs.

Le canal a 17,700 mètres. Il a coûté d'après Philipps 67,000 livres sterling, soit 1,675,000 fr.; et il a été ouvert en 1799. D'après Huerne de Pommeuse, les actions de 250 livres à l'origine étaient tombées en 1833 à 105 livres.

Enfin, on lit à la page 312 de l'ouvrage précité de Whishaw :

« A la dernière assemblée des actionnaires, M. Hawshaw a fait voir que le revenu *net* du canal s'élevait à la somme de 200,000 fr. par an; » indépendamment du revenu *brut* de 567,000 fr. etc. pour les voyageurs, sur le chemin de fer (1).

Ainsi, le canal rapporte à la Compagnie 8 p. % du prix d'acquisition qui représentent 12 p.% de la dépense de première construction. Quant au chemin de fer, son dividende est d'après la statistique du conseil du commerce de 2.3 p. %.

Ceci conduit à de sérieuses réflexions. La réunion dans les mêmes mains des canaux et des chemins de fer concurrents serait une excellente opération pour les Compagnies; mais aussi ce serait une combinaison désastreuse pour l'intérêt public; et il est certain que s'il n'y est bientôt pourvu, la fusion ou le concert est inévitable dans un grand nombre de cas, car l'intérêt particulier, fortifié par l'association, joint à une fécondité et à une sagacité de ressources et de moyen une âpreté de poursuites, que la considération de l'utilité publique ne saurait arrêter. En Angleterre, on se préoccupe vivement de ce danger, comme on le verra par les extraits que nous donnons aux pièces justificatives de la dernière enquête parlementaire (2). Les

(1) Textuellement extrait de la communication que nous devons à la bienveillante obligeance de M. Minard.

(2) Voir les pièces justificatives, n° 13.

Compagnies de chemin de fer comprennent que la lutte avec les canaux est devenue impossible, que ceux-ci auront toujours l'immense avantage du très-bas prix pour les matières pondéreuses, dont les grandes masses forment dans un pays de production la partie la plus considérable des transports. D'un autre côté, les concessionnaires des canaux que la concurrence des rails-ways a forcés de réduire leurs tarifs, sont naturellement portés à accepter les arrangements qui leur permettraient de rétablir l'ancien taux des péages. Déjà plusieurs Compagnies sont entrées dans cette voie, et une transaction de ce genre existe même en France entre le chemin de fer de Saint-Etienne à Lyon et le canal de Givors. On peut compter, si on n'y met ordre, qu'elle se reproduira tôt ou tard pour la plupart des canaux dont la perception n'est pas faite directement par l'Etat.

Toujours est-il qu'en Angleterre, les canaux, bien loin qu'ils soient menacés de périr, n'ont pas cessé jusqu'ici de donner un revenu plus élevé que celui des chemins de fer; que la valeur vénale des premiers, estimée sur le cours de leurs actions, est encore supérieure à celle des seconds; qu'enfin ces voies, un moment rivales, sont aujourd'hui en transaction pour se partager le bénéfice que le commerce commençait à retirer de leur concurrence; et il est plus que probable que dans ces transactions, ce sont les canaux qui feront la loi.

Canaux et chemins de fer en France.

En France, la lutte entre les chemins de fer et les voies navigables s'est engagée, pour la première fois, sur cette zône étroite, qui sépare la Loire du Rhône dans l'endroit où ces fleuves sont le plus rapprochés.

Des chemins de fer houillers de St-Etienne et des voies navigables concurrentes.

Le bassin houiller, qui occupe cette zône, est le plus important du royaume par son étendue, par sa richesse, par la qualité supérieure de ses produits; et enfin, par sa position entre la Loire et le Rhône, qui lui permet d'alimenter à la fois Nantes, Paris, Mulhouse et Marseille.

Un premier petit chemin de fer établi en 1823, sur 17 kilomètres de longueur, entre St-Etienne et Andrezieux, a pour but de verser les houilles dans la Loire. Il avait d'abord été exécuté à une seule voie, on a depuis doublé la voie sur la moitié de sa longueur. Il est servi par des chevaux.

Sur ce chemin, on en a soudé un autre, en vertu d'une concession du 21 juillet 1828, qui unit directement St-Etienne à Roanne, et qui devait racheter ainsi la navigation difficile, périlleuse et intermittente de la Loire en amont de cette dernière ville. Ce chemin d'Andrezieux, ou plutôt de la Quérillière à Roanne, a un développement de 67 kilomètres.

Enfin, sur le versant du Rhône, le chemin de fer de St-Etienne à Lyon, se rattachant aux précédents et passant par St-Chamond, Rive-de-Gier et Givors, complète la réunion de Roanne, sur la Loire avec Lyon, sur le Rhône, et le système de distribution des houilles sur les deux versants.

C'est cet ensemble de chemins de fer qui est aux prises, d'une part avec la navigation de la Loire, de l'autre avec le canal de Givors.

Canal de Givors.

Voyons quel rôle remplissait ce canal avant l'ouverture de la voie rivale, et quel rôle lui reste aujourd'hui.

Jamais le canal de Givors n'a servi aux transports des houilles *de St-Etienne* vers Lyon, par la raison que les houilles, pour profiter d'une navigation de 16 kilom. en canal, auraient dû subir un transport par terre de 18 à 20 kilom., et la remonte du Rhône sur 20 à 22 kilom. Aussi avant l'ouverture du chemin de fer, tous les transports de St-Etienne à Lyon prenaient-ils la voie de terre.

Les mines de Rive-de-Gier formaient donc l'unique clientèle du canal de Givors, son tarif était excessif. La Compagnie percevait 20 centimes par tonne et par kilom. sur les houilles et

30 centimes sur les autres matières, et elle annonçait l'intention de mettre les houilles elles-mêmes à 30 centimes, ainsi qu'elle y était autorisée par son acte de concession. Cette menace paraît même avoir été une des causes déterminantes de l'exécution du chemin de fer.

D'après Dutens (1) le revenu brut du canal était évalué en 1829 à 950,000 francs ce qui, rapproché du tarif alors perçu, correspond à un tonnage annuel de 270,000 tonnes environ.

D'ailleurs, nous trouvons dans un remarquable rapport de la commission d'enquête, instituée à St-Etienne en 1835, pour discuter les bases d'un règlement spécial, relatif à l'exploitation du chemin de fer de St-Etienne à Lyon, que l'ouverture de celui-ci avait forcé la Compagnie du canal à descendre son droit de navigation dans le rapport de 27 $^1/_2$ à 11 $^1/_4$, c'est-à-dire de 20 à 8 centimes (2). D'un autre côté M. Minard, dans l'écrit déjà cité, nous apprend, d'après M. Teyserenc, que les actions du canal de Givors, qui étaient, avant le rail-way, à 240,000 fr., étaient tombées en 1843 à 91,000 f. Or la réduction de $^3/_5$ sur le droit de navigation devait, à tonnage égal, produire une diminution proportionnelle dans le revenu, et par conséquent une dépréciation correspondante dans le prix des actions. Celles-ci auraient donc dû descendre par le seul fait de la réduction du tarif, et en supposant le maintien du tonnage, à 96,000 fr. Le tonnage lui-même a donc fléchi dans le rapport de 91 à 96, et par conséquent il aurait été en 1843, de

(1) Navigation intérieure de la France. 1er vol., page 190.

(2) Rapport et avis de la commission d'enquête du chemin de fer de St-Etienne à Lyon. — St-Etienne 1836, page 81.

D'après l'ordonnance royale du 5 décembre 1831, qui autorise la Compagnie à prolonger le canal sur 5000 mètres, ce qu'elle n'a fait que sur 2300, le tarif officiel est réduit à 10 centimes par tonne et par kilom.; mais la Compagnie accorde des modérations consenties à l'amiable et ici il s'agit surtout du tarif effectivement perçu par elle.

255,500 tonnes, n'ayant perdu ainsi, de 1829 à 1843, que 14,500 tonnes.

Le canal rend donc aujourd'hui au commerce à peu près les mêmes services qu'en 1829, seulement il les rend à un prix moins élevé, et les réflexions que nous faisions plus haut sur la baisse des actions des canaux en Angleterre se représentent ici. Si les actions du canal de Givors ont fléchi, c'est que la Compagnie a été mise dans l'impuissance de rançonner le public autant que par le passé; c'est qu'il lui a fallu sacrifier un tarif d'une exagération devenue intolérable, lorsque le capital d'exécution du canal a été plusieurs fois déjà remboursé; c'est enfin parce que le développement des transports aurait permis depuis longtemps à la Compagnie de modérer plus largement, plus libéralement les droits de navigation perçus à son profit, et de mettre moins de raideur dans l'exploitation de son privilége; supposé que des réformes libérales pussent trouver place dans ces combinaisons du privilége et de l'intérêt privé. Mais, pour sa valeur intrinsèque, le canal n'a rien perdu; bien loin de là! Sa destination est de transporter des houilles au plus bas prix possible; or si le tonnage a diminué de 1/20, le commerce a gagné sur le tarif une bonification des 3/5; c'est, tout compte fait, un bénéfice annuel pour le commerce de 550,000 fr. qui formeraient, pour un tonnage de 255,500 tonnes à l'ancien tarif, l'excédant des bénéfices de la Compagnie propriétaire du canal sur ses bénéfices actuels.

Au reste, ces réflexions s'appliquent au tarif actuel lui-même, puisque, malgré l'énorme réduction infligée à la Compagnie par les circonstances, il est encore d'une exagération de nature à influer sur l'emploi des houilles dans la partie de la vallée du Rhône que le canal de Givors a particulièrement mission de pourvoir.

Nul doute qu'une concurrence réelle de la part du chemin de fer n'eût amené le canal à un nouvel abaissement. Mais cette concurrence n'existe pas; on s'est fait la guerre d'abord, et puis on s'est entendu, et un traité de paix a terminé la querelle. Ce serait pour le mieux si la réconciliation ne stipulait pas des indemnités à faire payer au consommateur, qui trouve accord là où on avait voulu mettre la rivalité à son profit.

Chemin de fer de St-Etienne à Lyon

A côté du canal, le chemin de fer de St-Etienne à Lyon, rend au commerce d'immenses services, coûteux, il est vrai, mais qu'il serait pourtant difficile d'obtenir à plus bas prix d'un chemin de fer. Dans l'année écoulée du 1er avril 1843 au 31 mars 1844, il a transporté 644, 186 tonnes de marchandises, qui ont parcouru terme moyen 41 kilom. (1). Le service accéléré n'est compris là-dedans que pour 7,147 tonnes ; la remonte de Lyon vers Givors, Rive-de-Gier ou St-Etienne pour 65,636 tonnes ; le reste est presque exclusivement composé de houilles et de coke, expédiés de St-Etienne, St-Chamont, la Grande-Croix, Rive-de-Gier et Givors vers Lyon. Le chemin de fer a de plus transporté 567,685 voyageurs, ou, terme moyen, 1555 par jour, qui ont parcouru, en moyenne, sur la voie 26 kilom. C'est, à coup sûr, un mouvement très-considérable, et en ce qui concerne la marchandise, nous ne connaissons pas de chemin de fer plus chargé.

La recette brute pour le transport des marchandises s'est élevée à 3,038,200 f. 47 c. Cette somme répond à une perception de 0,115, terme moyen, par tonne et par kilomètre.

La perception pour les voyageurs serait de près de 6 centimes par kilom. et par personne.

Le chemin a en tout une longueur de 57 kilom. qui se divise en trois parties. Entre St-Etienne et Rive-de-Gier le chemin descend sur 22,000 mètres avec une pente de 0,0137 par mètre; entre Rive-de-Gier et Givors la pente continue, mais adoucie, elle n'est plus que de 0,006 par mètre, la distance est de

(1) Ces résultats et ceux qui suivent sont déduits des comptes rendus de la Compagnie.

16,000 m.; enfin, de Givors à Lyon, le chemin monte sur 1,000 mètres à raison d'un demi-millimètre par mètre. Il résulte de cette disposition que les convois de houille, lancés de St-Etienne, parcourent jusqu'à Givors 38,000 mètres par la seule action de la pesanteur et sans qu'on ait à recourir à aucun effort de traction. Les transports vers Lyon n'emploient donc la locomotive qu'à partir de Givors et pour 19,000 mètres seulement, c'est-à-dire pour le tiers du trajet entier.

Au retour les convois de voyageurs et ceux de marchandise sont remorqués par des locomotives qui s'arrêtaient il y a quelque temps à Rive-de-Gier, où elles étaient remplacées par des chevaux et qui vont maintenant jusqu'à St-Etienne. Mais il faut remarquer que les retours pour la marchandise ont lieu presque à vide, la remonte n'entrant que pour un dixième dans le tonnage total.

On conçoit que cette disposition des choses non-seulement doit procurer pour l'exploitation une notable économie, puisque la masse la plus considérable des transports parcourt les deux tiers du chemin sans autres frais que le loyer et l'usure des waggons et la traction à vide pour le retour; mais qu'elle doit encore offrir une grande facilité dans la distribution du service, en permettant de rapprocher les départs des convois descendants et d'arriver ainsi à l'emploi le plus utile et le plus productif possible du chemin de fer. Voilà ce qui fait la puissance de ce rail-way; voilà comment il peut suffire au transport annuel de près de 650,000 tonnes. Il ne faut pas oublier toutefois, pour ne rien s'exagérer, que le parcours moyen de cette masse n'est après tout que de 41 kilom.

Le chemin de fer de St-Etienne à Lyon est donc un instrument très-puissant, qui a servi à développer l'exploitation des houilles du bassin de la Loire, et à étendre la consommation de ce précieux combustible, l'agent le plus actif de la production industrielle. Mais ce chemin de fer n'est pas un instrument économique. Pendant les rudes épreuves au milieu desquelles la Compagnie concessionnaire a commencé son apprentissage et recueilli les premiers enseignements de l'expérience, elle a eu notamment à lutter contre la faiblesse des prix de transport fixés par son tarif. Dès 1831 elle obtenait une ordonnance, en date du 16 septembre, qui l'autorisait à percevoir par tonne et par kilom. 12 centimes pour la remonte de Givors à Rive-de-Gier, et 13 centimes pour celle de Rive-de-Gier à St-Etienne, au lieu du droit de $0^{f},098$ fixé uniformément par l'adjudication, à la remonte comme à la descente. Cette amélioration n'aurait pas suffi pour rétablir les affaires de la Compagnie. Elle chercha alors à augmenter son tarif par des perceptions accessoires sur lesquelles l'attention de la commission d'enquête de 1835 a été particulièrement appelée, et qui ont soulevé alors de vives réclamations (1).

Les griefs du commerce contre la Compagnie étaient fondés, il faut en convenir, mais ils s'expliquaient et ils pouvaient même jusqu'à un certain point s'excuser par la position de cette Compagnie. Elle versait à Lyon des masses considérables de charbon de terre. L'extracteur ne vendait pas plus cher sur le carreau de la mine; le consommateur à Lyon ne bonifiait rien depuis l'ouverture du chemin de fer, et pourtant la Compagnie concessionnaire s'endettait, malgré le luxe de ses perceptions accessoires dont plusieurs n'avaient évidemment aucune base légitime.

L'affaire aujourd'hui a changé de face, elle est en voie de prospérité. La Compagnie a, nous le croyons, fait disparaître quelques-unes de ses taxes arbitraires, et elle a régularisé, en les rendant plus productives, celles qu'elle a conservées. Elle a accaparé les terrains qui sont nécessaires pour l'entrepôt des charbons sur tous les points de départ et d'arrivée. Elle en tire des loyers considérables. La gare de Perrache et le pont

(1) Rapport et avis de la commission de la quête du chemin de fer de Saint-Étienne à Lyon. — Saint-Étienne, 1836, page 82.

de la Mulatière sont aussi des annexes très-productives de l'entreprise. Dans l'année de gestion qui s'est terminée au 31 mars dernier ces produits particuliers se sont élevés à. . . 178,113f80

Leurs charges spéciales étant de.......... 48,158 59

Il en résulte un produit net de.......... 129,955 21

qui, tout à fait en dehors de l'entreprise du chemin de fer proprement dite, vient cependant en aide à l'opération tout entière.

En somme la Compagnie a employé pour l'exécution de son rail-way et de ses dépendances, pour la construction du pont de la Mulatière, celle de la gare de Perrache, pour l'acquisition des terrains d'entrepôt et d'une partie de la propriété de la gare de Givors un capital de 20 millions et demi, dont 11 millions en actions et 9 millions et demi d'emprunts à divers titres.

Elle a fait dans la dernière année dont les résultats nous soient connus d'après les comptes publiés, une recette nette de 1,795,540f85; c'est donc un produit de 8,7 pour 0/0. Or il importe d'examiner si la part de ce produit, qu'on doit attribuer aux marchandises, pourrait être diminuée et si la Compagnie ferait en effet de ce côté des bénéfices trop considérables.

Malheureusement les deux derniers comptes de la Compagnie ne présentent pas, en regard des recettes propres des marchandises et de celle des voyageurs, les dépenses afférentes à chacun de ces services, mais cette distinction est nettement établie dans les comptes précédents, et elle nous a permis de dresser le tableau porté aux pièces justificatives sous le n° 14. On voit d'après ce tableau que depuis le 1er novembre 1840, jusqu'au 31 mars 1843, comprenant une période de 3 ans et 5 mois, les recettes brutes provenant du transport des charbons et de la grosse marchandise se sont élevées à. . 10,149,193f 75

Et que les dépenses de ce service ont été de 7,349,603 64

Partant la recette nette a été de........ 2,799,590 11

Pour les voyageurs, les dépêches et le service accéléré, on a obtenu dans le même intervalle de temps les résultats suivants :

Recette brute.....................	3,064,532f 47c
Dépense...........................	1,571,340 98
Recette nette.....................	1,493,191f 49c

Ainsi, sur les voyageurs, etc., pour une recette brute de...................... 100f »

La Compagnie a supporté une dépense de.. 51 28

et fait une recette nette de............... 48 72

Tandis que pour la grosse marchandise.

La dépense a été de...... 72,4 } p. % de la recette brute.
La recette nette de...... 27,6 }

On voit donc que les conditions du transport sont beaucoup plus favorables pour les voyageurs que pour la grosse marchandise.

Cette différence s'est maintenue, comme on peut le vérifier en comparant entr'eux les chiffres des derniers semestres portés au tableau n° 14. Ainsi, le calcul fait pour les 17 mois compris entre le 1er novembre 1841 et le 31 mars 1843, présente pour une recette brute sur les marchandises de 100f :

Une dépense de.. .... 71f »

et une recette nette de........................... 29 »

Toutefois, pour faire la part aux améliorations qu'on a pu réaliser depuis dans l'administration du chemin de fer, nous prendrons la proportion de 68 p. % pour la dépense et de 32 p. % pour la recette nette, en ce qui concerne la marchandise.

Or, comme nous avons vu que la perception, ou la recette brute par tonne et par kilomètre était de 0f 115, on aura pour

la dépense effective d'une tonne portée à 1 kilom..	0f, 0782
et pour la recette nette..........................	0f, 0368
Total égal à la recette brute par tonne et par kilom.	0, 115

Cette proportion entre les frais du transport et la partie du tarif à appliquer au péage, n'a rien d'exagéré. Elle est l'inverse de celle qui est admise dans les tarifs officiels, qui, d'après une fixation tout arbitraire, attribuent la plus forte part du droit à percevoir sur les marchandises au péage proprement dit, et le surplus aux frais de transport. On voit que pour le chemin de St-Etienne à Lyon, ce qui reste pour le péage et ce qui doit par conséquent pourvoir aux intérêts du capital engagé et à la rémunération de la Compagnie, ne forme pas le tiers de la perception totale, malgré les procédés par lesquels elle se trouve grossie. Cela prouve qu'il n'y a rien à retrancher de cette perception, et que si, au bout du compte, le service très-réel que le commerce retire du chemin de fer paraît coûteux, cela tient à la nature même des choses, et non pas à des bénéfices excessifs que ferait la Compagnie sur le mouvement des marchandises.

Ce qui fait le beau côté de l'opération, c'est, d'une part, la quantité énorme de matières transportées, et ce sont, d'un autre côté, les bénéfices très-importants du service des voyageurs et des annexes de l'entreprise; c'est aussi qu'une forte partie du capital (9 millions et demi) provenant d'emprunts, les excédants de produits, au delà des prélèvements d'intérêts et d'amortissement, sont répartis entre 11 millions d'actions, au lieu d'être attribués au capital tout entier de 20 millions et demi.

Nous ne pensons pas d'ailleurs que le chemin de fer de St-Etienne à Lyon puisse désormais étendre beaucoup son énorme service de marchandises. Il nous paraît qu'à cet égard, il doit approcher de la limite de son activité; et s'il arrivait, comme c'est très-probable, que l'ouverture des rails-ways qui doivent rattacher Lyon à Paris et à Marseille, augmentât dans une grande proportion la circulation des voyageurs sur le chemin de fer de St-Etienne à Lyon, de manière à lui donner de nombreux convois en remonte vers St-Etienne, nous croyons que le transport des marchandises à la descente y serait bientôt entravé et forcément amoindri.

Les détails dans lesquels nous venons d'entrer nous ont paru nécessaires pour faire bien comprendre la situation et la valeur particulière du chemin de fer de St-Etienne à Lyon. Trop de personnes sont disposées à tirer de circonstances exceptionnelles des lois générales, qu'elles appliquent ensuite à d'autres positions, qui n'ont plus rien de commun avec les faits qui ont servi de point de départ. Le chemin de fer de St-Etienne à Lyon, il faut qu'on le sache bien, est un fait exceptionnel. C'est un grand plan incliné, le long duquel on laisse descendre des fardeaux, qui n'ont ensuite à parcourir dans les conditions habituelles des chemins de fer qu'un très-court espace. Tout ce qu'on en peut conclure en général, c'est qu'il doit réaliser le plus bas prix possible pour le mouvement de la grosse marchandise !

Voyons maintenant ce qui se passe sur le versant de la Loire.

Les charbons partant du groupe de mines de St-Etienne, et qui sont destinés à la vallée de la Loire, prennent le chemin de fer d'Andrezieux, qui va jusqu'au fleuve, mais sur lequel vient se souder aussi, à la Quérillière, le chemin de Roanne. Ainsi, à partir de la Quérillière, il y a deux voies, celle de la Loire et celle du chemin de fer, pour atteindre Roanne.

La Loire est navigable entre Andrezieux et Roanne, lorsque la hauteur des eaux est comprise entre $0^m,70$ et $1^m,50$ à l'échelle du pont de Roanne (1). Navigation de la Loire entre Andrezieux et Roanne.

(1) Nous devons de nombreux et très-utiles renseignements sur cette partie de notre travail à M. l'ingénieur Boulangé, qui a bien voulu nous communiquer des documents très-complets sur les diverses voies de communication qui desservent la vallée de la Loire. Ces documents se rattachent à l'étude du canal de Roanne au Rhône que M. Boulangé vient de terminer.

Le nombre des jours navigables est, terme moyen, de 180 par an. Mais, par le fait, la navigation n'est pratiquée que 109 jours en moyenne, par la raison que l'état navigable de la rivière ne s'établit pas toujours simultanément en amont et en aval de Roanne; qu'on ne peut pas expédier les marchandises de Roanne, à mesure qu'elles arrivent d'Andrezieux, et qu'enfin on ne profite pas toujours des crues d'orage, parce qu'on craint de manquer d'eau en route.

La navigation se fait avec des bateaux en sapin, que l'on construit à St-Rambert et que l'on déchire, lorsqu'ils sont arrivés à leur destination.

Les bateaux portent de 24 à 36 tonnes, moyennement 31,20 tonnes. A cette charge, leur tirant d'eau est de $0^{m},50$.

Les cascades produites au passage des roches rendent la remonte de la Loire, de Roanne à Andrezieux, tout à fait impossible. On renvoie par terre les agrès qui accompagnent chaque bateau.

Enfin, la compagnie générale d'assurance maritime assure les maîtres mariniers à l'année, pour le transport des charbons d'Andrezieux à Roanne, à raison de 1 p. % de la valeur du bateau et de son chargement, diminués d'un dixième dont le maître reste assureur.

Certes, c'est là une navigation difficile et bien précaire; elle a de plus le désavantage de n'être en communication avec les mines qu'en empruntant un chemin de fer, rattaché directement avec le rail-way rival. Celui-ci serait donc dans une position très-favorable par rapport à la navigation, si Roanne était le but du voyage, et s'il ne devait pas se continuer sur la Loire en aval de cette ville.

Navigation de la Loire au-dessous de Roanne.

La Loire au-dessous de Roanne est navigable, année commune, pendant 182 jours; mais elle n'est par le fait naviguée que pendant 121 jours, parce qu'il suffit d'un jour ou deux pour expédier tous les bateaux qui sont prêts, au moment où les eaux deviennent favorables, et qu'il faut ensuite attendre les arrivages d'Andrezieux et le retour des mariniers.

La charge utile des bateaux, au-dessous de Roanne, est moyennement de 45 tonnes, c'est-à-dire qu'elle est égale à une fois et demie la charge moyenne des bateaux descendant d'Andrezieux.

Office du chemin de fer de St-Etienne à Roanne.

Avant l'ouverture du chemin de fer, sur trois bateaux arrivant à Roanne, on en vidait un pour compléter le chargement des deux autres. Le bateau vide était ensuite employé au transport des vins, ou envoyé au canal du Centre pour le transport des charbons de Blanzy. On évite maintenant cette vidange onéreuse, en complétant à Roanne le chargement de chaque bateau avec le charbon arrivé par le chemin de fer.

Celui-ci fait donc, pour le transport des houilles, l'appoint de la navigation, et il ne fait que cela. Il vient en aide à la Loire, il supplée aux inégalités du tirant d'eau au-dessus et au-dessous de Roanne. Il n'est pas pour la Loire une voie rivale, mais il forme son complément.

Le canal de Roanne à Digoin et le canal latéral à la Loire, qui le continue, remplissent précisément le même rôle entre Roanne et Briare. Ils ne transportent à la descente que les compléments de charge que les bateaux de Loire peuvent prendre à Briare, lorsqu'ils quittent le fleuve pour se diriger par les canaux de Briare et du Loing vers la Seine et Paris.

Répartition des transports entre les deux voies en concurrence.

Nous extrayons des documents de M. Boulangé un tableau qu'on trouvera aux pièces justificatives sous le n° 16, et qui fait apprécier en chiffres les rôles comparatifs de la Loire et du chemin de fer. Il résulte de ce tableau que les marchandises arrivées à Roanne pendant les cinq années de 1838 à 1842, inclusivement, forment, terme moyen, par année un tonnage

de................................	138,626	tonnes
dont pour la Loire....................	90,748	
et pour le chemin de fer...............	47,877	

La Loire ne fait pas de transports en remonte, et ceux du chemin de fer dans cette direction sont d'environ 5,000 tonnes. Pour les transports en concurrence, le rapport entre le mouvement de la Loire et celui du rail-way est donc de 91 à 43. C'est-à-dire qu'à la descente, le chemin de fer ne fait pas la moitié du service de la Loire, et pas le tiers du mouvement total.

Enfin nous trouvons à la page 53 du dernier rapport présenté par la Compagnie reconstituée du chemin de fer d'Andrezieux à Roanne (assemblée générale du 31 mars 1844), ce fait, que la recette moyenne de la Compagnie pour chaque tonne de houille transportée à 1 kilom. est de.......... 0f,1165

Mais que cette recette donne lieu à une dépense moyenne de.............................. 0f,0930

D'où résulte pour le mouvement de la houille une recette nette par tonne et par kilom. de.......... 0f,0235

Pour les autres marchandises le produit est un peu meilleur

La recette brute par tonne et par kilom. s'élève à 0f,1335

Et la dépense correspondante à.............. 0f,0995

Ce qui laisse par unité de trafic un produit net de 0f,0340

Qui approche, comme on voit, de celui du chemin de fer de Saint-Etienne à Lyon.

Il n'est pas inutile de faire remarquer que, d'après son tarif légal, la Compagnie pourrait percevoir 0f,145 par tonne et par kilom. à la descente et 0f,175 à la remonte. La modération de ses prix tient à la concurrence de la Loire et à celle du roulage, que le chemin de fer ne saurait combattre, s'il maintenait les conditions de sa concession.

Le transport des charbons se trouve d'ailleurs grevé sur le chemin de fer d'un déchet assez considérable, qui n'est pas compris dans les perceptions de la Compagnie et qui n'en est pas moins une charge pour le consommateur. Ce déchet, consenti par le commerce, est de 100 kilog. par waggon, chargé de trois tonnes et demie. Il augmente les frais de transport par le chemin de fer de 2.8/10 pour 0/0 de la valeur du charbon rendu à Roanne.

Le mouvement prodigieux qui se développe autour du bassin houiller de la Loire, exigeait une attention toute particulière. On voit que les voies navigables ont su conserver leur part de ce mouvement. Le canal de Givors, d'une trop petite longueur pour faire une concurrence complète au chemin de Lyon, a cependant maintenu à peu près son ancien tonnage, malgré l'élévation de son tarif, même après les réductions qu'il a subies, et il a amené son rival à composition. Quant à la Loire, elle ne lutte pas contre le chemin de fer de Roanne, elle s'en sert. Il transporte ses compléments de charge, dans la proportion d'un tiers seulement du tonnage total.

Chemin de fer de Paris à Rouen.

Des chemins *houillers* de Saint-Etienne, passons à un chemin de fer d'un trafic général. Il en est peu de ce genre, qui doivent présenter des études plus intéressantes pour la question qui nous occupe, que le chemin de Paris à Rouen; et il mérite une attention d'autant plus grande, qu'on a prétendu tirer de son exploitation des arguments décisifs pour le bas prix des transports sur les chemins de fer, et pour leur prédominance sur les voies navigables. Indiquons d'abord les circonstances spéciales dans lesquelles opère le chemin de fer dont il s'agit. Rouen est le terme de la navigation maritime de la Seine. L'importance des deux villes extrêmes, celle des autres populations qui se rattachent à la ligne, comme le Hâvre, Dieppe, Louviers, Elbeuf, etc.; la puissance du mouvement maritime, l'activité industrielle des départements traversés, leur richesse en productions agricoles, tout cela réuni forme pour le chemin de

Rouen une de ces situations privilégiées, telles qu'on n'en retrouve que de rares exemples sur le globe. Peu de rails-ways auraient donc une pareille puissance pour la lutte, et de plus nombreux éléments de succès. De Rouen à Paris la distance par le chemin de fer n'est que de 137 kilom.; par la Seine, elle est de 238! Rouen, port maritime, grande population, foyer intense de production, et Paris, ce centre si prodigieusement actif d'attraction et de rayonnement, ont une telle prépondérance sur tous les points intermédiaires, que les relations développées par le rail-way, en ce qui concerne la marchandise, se font pour la très-grande masse entre les deux extrémités de la ligne, et que le parcours partiel est réduit ainsi à des quantités modiques relativement au mouvement total. Or c'est là pour la gestion économique une circonstance très-favorable, comme le prouvent les modérations de prix accordées par les exploitants pour les longs transports.

D'un autre côté, la plus grande masse des transports se faisant vers Paris, rencontre sur la Seine, outre un surplus de longueur de plus de 100 kilomètres, l'obstacle du courant, et est ainsi grevée d'un surcroît considérable de traction. La Seine est d'ailleurs soumise à des inégalités de hauteur et à des variations de vitesses, et de régime, qui contrarient incessamment la navigation et la surchargent de frais et de difficultés de tous genres.

Cet aperçu de la position respective des deux voies en concurrence, qui donnera lieu tout à l'heure à d'indispensables développements, permet d'apprécier, quant à présent, l'appui considérable que la puissance propre du chemin de fer doit retirer de l'état incomplet et précaire de la navigation du fleuve.

Quant à la volonté de la lutte de la part de la Compagnie du chemin de fer, elle est manifeste, et il est tout naturel qu'en cela cette Compagnie obéisse à la seule impulsion de son intérêt propre, et qu'elle laisse de côté le but, qui ne peut être que *théorique* à ses yeux, de la plus grande utilité du chemin, pour assurer à son trafic les bénéfices les plus considérables.

Non que nous soyons injustes envers les concessionnaires; bien loin de là. Sans nous associer à un certain langage, un peu trop prodigue, selon nous, des mots de patriotisme et de dévouement qu'il faut réserver pour d'autres circonstances, nous reconnaissons que ça été un important service que de hâter la construction du chemin de fer de Rouen; et que l'entreprise, éminemment utile en elle-même, a encore contribué à dissiper ces incertitudes et ces hésitations, au milieu desquelles le pays attendait avec une anxiété pénible une résolution quelconque pour l'avenir des chemins de fer en France.

Mais cela admis, il est impossible de ne pas tenir un compte très-sérieux du privilége dont la Compagnie de Rouen est nantie, et de l'usage qu'elle peut en faire dans son intérêt propre contre l'intérêt public; un tel souci résulte de la force des choses et de la position même des administrateurs du chemin de fer, qui, après tout, ont pour mission et pour devoir de gérer pour le plus grand avantage de la Compagnie la chose commune.

La faculté du libre parcours n'existe pas sur les chemins de fer français; et en Angleterre l'impossibilité de son application en fait une lettre morte dans les bills de concession. Ainsi, tandis que sur la route de terre ou sur la voie navigable, une entreprise quelconque de transport trouve dix entreprises de même nature pour la modérer et la contenir; pour lutter contre le chemin de fer, il faut un autre chemin de fer; et on n'en établira pas deux entre Paris et Rouen. Si donc le chemin de Rouen, qui triomphera à coup sûr de la voie de terre, peut encore anéantir ou absorber la navigation, le commerce sera bientôt à sa merci. Certes, il y a là matière à réfléchir, et on conçoit que le commerce soit plus disposé à s'alarmer qu'à se réjouir de la lutte actuelle dont il recueille pourtant tous les fruits. C'est qu'en effet cette lutte paraît dirigée par le chemin de fer dans des vues de monopole, c'est qu'il ne fait aujourd'hui aucun sacrifice dont il n'espère obtenir dans un avenir prochain, une très-large compensation.

Des modifications que la compagnie du chemin de fer de Roanne a fait subir à son tarif.

Or, les sacrifices consentis par le chemin de fer sont considérables. Le tarif concédé à la Compagnie divise les marchandises en trois classes, et il fixe les perceptions autorisées par tonne et par kilomètre, savoir :

Pour la 1re classe à 0f,20
Pour la 2e *id.* à 0f,18
Et pour la 3e *id.* à 0f.16

Il fait d'ailleurs une classe à part de la houille qui se trouve taxée à 0f,125

Enfin, le cahier des charges autorise, par son article 39, des perceptions spéciales, qui doivent être arrêtées par l'administration sur la proposition de la Compagnie, pour une certaine nature de transports habituellement désignés sous le nom d'objets hors classe.

Sans doute il est assez difficile de dresser à priori, surtout pour une voie si nouvelle, un tarif dont l'expérience vienne sur tous les points confirmer les dispositions; mais encore y a-t-il certaines lois de classification qu'on retrouve partout, et qui constituent les bases générales de tous les tarifs sur les chemins de fer, comme sur les canaux; et la preuve que cette classification s'adapterait assez bien à l'expérience, c'est qu'elle n'éprouve guère, dans les remaniements auxquels les compagnies soumettent leurs tarifs, que des modifications peu importantes, qui se bornent à quelques déplacements d'objets qu'on fait changer de classe. C'est ainsi qu'a opéré, par exemple, la Compagnie du chemin de fer d'Orléans. Mais, dans le tarif actuel du chemin de fer de Rouen, on ne retrouve aucune trace de la classification adoptée par le cahier des charges, et les changements sont à cet égard si complets, que la Compagnie n'a pas même cru pouvoir maintenir la dénomination de *classe* à laquelle elle a substitué celle de *série*.

Elle a fait trois séries :

La première comprend les articles que le tarif légal mettait hors classe. La perception en est fixée par tonne et par kilomètre, à.. 0f,30

Les trois classes du tarif légal sont donc remplacées par les deux dernières séries.

La 2e série est taxée	à la remonte à	0f,15.
	à la descente à	0f,12.
Et la 3e série est taxée	à la remonte à.........	0f,12.
	à la descente à	0f,09.

Les vinaigres, les huiles, les cafés, etc. ont passé de la 1re classe du tarif légal à la 3e série du tarif modifié.

Les riz, primitivement de 1re classe, sont de la 2e ou de la 3e série, suivant qu'ils sont en sacs ou en barils.

Les vins, les boissons, les spiritueux sont dans le même cas. En caisse ou en paniers ils sont portés à la 2e série, en fûts ils sont de la 3e.

Il en est de même encore des bois exotiques, qui, de la 1re classe du tarif légal, sont descendus à la 2me série, s'ils sont en poudre, et à la 3me série, s'ils sont en bûches.

Les bois de menuiserie et d'ébénisterie sont taxés à la 3me série. Ils étaient portés en première classe par le cahier des charges.

Celui-ci comprenait dans la 2e classe le plomb en saumon et la fonte en gueuses, qui font maintenant dans le tarif de la Compagnie une catégorie toute particulière; car, bien que figurant dans la 3me série, ils ne paient que 0f 09c par tonne et par kilomètre à la remonte comme à la descente. Le zinc en plaques est taxé au même prix.

Le coton dans le tarif nouveau est de la 2me série, s'il est en balles rondes, il est de la 3me, s'il est en balles carrées. Le tarif légal le place dans la première classe.

La houille est portée à la 3me série. De toutes les réductions volontairement consenties par la Compagnie, c'est la houille qui a obtenu la moins forte.

C'est une bizarrerie, au moins quand on se reporte à la pratique ordinaire, que de voir dans un tarif, qui distingue en réalité trois classes, les cafés, les riz, les bois de teinture, les liqueurs, les vins, les cotons, l'eau de fleur d'oranger, etc., confondus dans la même série et sous le même droit avec les houilles, les moellons, les pavés, les caillous, le fumier, etc.

La valeur propre des objets, qui fixe l'importance relative du droit qu'ils pourraient supporter, n'a évidemment aucune part à cette classification. Elle n'est pas fondée non plus sur la pesanteur spécifique, qui détermine le poids utile à transporter par waggon complet ou à pleine charge. Elle n'a donc d'explication que dans les besoins de la concurrence, et la quotité du rabais offert au commerce sur plusieurs articles, portés à la première classe du tarif légal, montre que c'est la navigation que la Compagnie a voulu atteindre. Voyons donc quels sont les résultats de la lutte.

Transport de la grosse marchandise sur le chemin de Rouen pendant le semestre d'été 1844.

Dans la dernière période d'exploitation, c'est-à-dire pendant le semestre écoulé du 1er avril au 30 septembre dernier, la Compagnie a fait sur le transport des marchandises une recette brute totale de.......... .... 763,901f 80c

Ce chiffre comprend toutes les recettes faites du chef des marchandises, et par conséquent, les frais d'enregistrement et de manutention, les droits de gare, le magasinage et le camionage. Enfin, il comprend le produit du transport proprement dit pour chacune des trois séries. En combinant ces éléments de recette, on est conduit à admettre que la perception moyenne par tonne et par kilomètre n'est pas inférieure à 13 centimes, et par conséquent au prix moyen de 17f 50c pour le parcours entier de Rouen aux Batignolles.

La somme de 763,901f 80c représenterait ainsi un mouvement sur la distance entière de......... 43,651 tonnes (1) pour tout le semestre du 1er avril au 30 septembre 1844 ou pour 183 jours.

Or, sur ces.......................... 43,651 tonnes

Le roulage en a fourni................. 30,000

Le chemin de fer a donc retiré à la navigation pendant le semestre d'été, et par conséquent à l'époque des basses eaux.......... 13,651 tonnes

La Seine a transporté en 1843, savoir :

Entre Rouen et l'embouchure de l'Oise. 655,891 tonnes,

et entre l'embouchure de l'Oise et Paris... 1,297,799 tonnes.

Le chemin de fer ne lui aurait donc enlevé en six mois que 1/50 de son tonnage annuel au-dessous de l'embouchure de l'Oise, et environ 1/100 du même tonnage au-dessus de cette embouchure. Voilà, du moins quant à la masse transportée, le résultat actuel de la lutte du chemin de fer contre la voie navigable.

Mais, pour arriver là, la Compagnie a dû abaisser son tarif et ramener le prix moyen du transport, tous frais accessoires compris, à 17f 50c par tonne pour le parcours entier, et il est évident qu'un abaissement aussi considérable était inutile pour absorber le roulage, qui ne saurait lutter au prix de 25f.

Ainsi, pour enlever à la navigation 13,651 tonnes qui lui ont produit, à 17f 50c, une recette brute de....... 238,892f 50c

Le chemin de fer a réduit ses recettes possibles sur 30,000 tonnes enlevées au roulage de 7f 50c par tonne ci...................... 225,000 »

L'excédant de recettes brutes est donc de... 13,892f 50c

Or il est évident que cette recette brute couvre à peine les frais

(1) Ce chiffre, pour n'être pas complétement exact est, à coup sûr, très-approché de la vérité, et on peut affirmer que le mouvement total de la marchandise, pendant le semestre d'été de 1844, est compris entre 40 et 45,000 tonnes parcourant la distance entière.

de manutention de ces 13,892 tonnes 50, qu'il aurait mieux valu pour la Compagnie laisser au fleuve.

Influence de la grosse marchandise sur le trafic général du chemin de fer de Rouen.

La Compagnie de Rouen a-t-elle quelque chance actuelle d'arriver à des conditions de lutte meilleures pour elle? nous ne le pensons pas; et c'est ici que se présente l'examen d'une opinion qui a eu une grande vogue, il y a quelques mois, et qui compte sans doute encore des adhérents.

La dépense de traction, a-t-on dit, en y comprenant l'entretien des locomotives et des waggons, n'est rien ou fort peu de chose; les frais généraux sont payés par les voyageurs; ainsi la marchandise voyage en effet sur les chemins de fer presque sans frais, et si minime que soit le péage, on ne peut trouver là que de grands bénéfices. D'ailleurs, on invoquait à cette occasion pour évaluer ces frais de traction, formant la dépense unique de la locomotion de la marchandise sur les chemins de fer, le marché à forfait passé à ce sujet par la Compagnie de Rouen elle-même.

D'après ce marché, la Compagnie paie pour la locomotive 1,10 par kilom., par chaque *train normal* qui, pour la marchandise est composé de 25 waggons, portant en tout 100 tonnes. Il n'est fait aucune réduction pour les trains de moins de 25 waggons ou pour les waggons vides. Pour ceux de plus de 25 waggons on ajoute 1/25 par chaque waggon en sus des 25 premiers jusqu'à 32 waggons. Pour un train de 33 waggons le prix de la locomotion est doublé. Enfin l'entrepreneur reçoit 0f,0084 par kilom. pour chaque waggon de marchandises en mouvement.

Appliquons ces prix aux transports exécutés par le chemin de fer dans le semestre d'avril à septembre 1844. Le mouvement revient au parcours de 43,651 tonnes sur la distance entière de Rouen aux Batignolles. C'est pour 183 jours 238 tonnes 53 cent. par jour; et comme il y a eu chaque jour quatre convois de marchandises, deux à la remonte et deux à la descente, c'est par convoi une charge utile moyenne de 57 tonnes,63 ; soit 60 tonnes !

Le nombre des waggons chargés n'a jamais dû être en remonte au-dessous de 25, à cause du surplus de transport à effectuer dans cette direction. La descente doit d'ailleurs compter le même nombre de waggons, qu'il faut bien renvoyer au lieu du chargement. Cela posé, la locomotion du train normal a été payée pour la locomotive.................. 1f,10

Pour 25 waggons à 0,0084.................. 0f,21

Total par kilomètre............. 1f,31

Le chargement moyen du train étant de 60 tonnes, c'est pour chaque tonne.................................. 0f,0218

Mais c'est là le cas le plus favorable. L'excédant de transport à la remonte a dû porter souvent les convois sinon à la limite de 32 waggons au moins au nombre de 30. Dans ce cas le prix payé à l'entrepreneur de la locomotion est :

Pour la locomotive, — train normal......1,10 } 1f,32
5 waggons en sus 0,22 }

Pour 30 waggons à 0,0084................ 0f,252

Total.......... 1f,572

Et pour le retour.......................... 1f,572

Total par kilomètre pour le double train.... 3f,144

La charge moyenne pour le double train (montée et descente) étant de 120 tonnes, il ressort un prix de locomotion par tonne et par kilomètre de.......................... 0f,0278

Sans doute ce doit être là un prix supérieur à la moyenne, mais le prix de 0f,0218 trouvé plus haut est certainement trop faible, et on peut s'arrêter, sans crainte d'erreur sensible, au résultat moyen qui est de 0f,0248, soit 2 centimes 1/2.

On voit donc que M. Teysserenc s'est trompé de 50 p. 0/0 environ, lorsqu'il a dit « que la locomotion sur le chemin de » fer de Rouen, avec la vitesse de 16 kilomètres à l'heure, coûte

» 1 cent. 27 tout au plus » (1), et nous démontrerons plus loin que son erreur est bien plus grande encore dans le rapprochement qu'il fait entre le prix de la locomotion sur le chemin de fer et le fret sur les canaux.

Mais la traction serait-elle donc la seule ou au moins la principale dépense du transport des marchandises sur le chemin de fer? Nous avons extrait des comptes rendus de la Compagnie de Rouen un tableau du trafic général de son chemin de fer depuis le jour d'ouverture jusqu'au 30 septembre dernier. Nous appelons sur ce tableau, qui figure aux pièces justificatives sous le n° 17, une attention toute particulière. Pour rendre comparables les résultats des trois périodes d'exploitation, nous avons ramené au semestre entier la première période, qui ne comprend effectivement que 145 jours, du 7 mai au 30 septembre 1843. La comparaison embrasse ainsi 3 semestres : deux semestres d'été et un d'hiver. Nous avons d'ailleurs évalué en tonnes le transport des marchandises en le ramenant au parcours entier de la ligne, et en admettant une recette brute totale de 17f,50 par tonne pour tout le trajet.

Cela posé, le rapport de la recette brute des marchandises à la recette brute totale donne pour chaque semestre savoir :

Pour le semestre d'été de 1843 $\dfrac{134{,}749^{f}25}{2{,}692{,}032{,}62} = 0{,}05$

Pour le semestre d'hiver 1843-1844 $\dfrac{466{,}000{,}34}{2{,}290{,}076{,}59} = 0{,}21$

Pour le semestre d'été de 1844 $\dfrac{763{,}901{,}80}{3{,}877{,}535{,}22} = 0{,}20$

Or, si la marchandise n'ajoute aux charges de l'entreprise que les frais de traction qu'elle impose, la recette nette de chaque semestre aura dû s'accroître en raison de la plus grande

(1) *Revue indépendante*. Livraison du 10 juillet 1844, p. 134.

masse de marchandises transportées; eh bien, c'est précisément le contraire qui arrive. En effet, en prenant pour chaque semestre le rapport de la recette nette à la recette brute, on trouve :

Pour le semestre d'été de 1843 $\dfrac{1,618,888,77}{2,692,032,62} = 0,60$

Pour le semestre d'hiver de 1843-44 $\dfrac{1,118,009,61}{2,290,076,59} = 0,49$

Pour le semestre d'été de 1844 $\dfrac{2,058,077,01}{3,877,535,22} = 0,53$

Ainsi, quand la marchandise entre seulement pour un vingtième dans la recette totale, les dépenses de l'exploitation ne sont que les 40/100 de cette recette; mais si la proportion de la marchandise s'élève à un cinquième, la dépense s'accroît aussi et arrive aux chiffres de 47 à 51 p. 0/0 de la recette brute.

Ce résultat était d'ailleurs facile à prévoir. Sur tous les chemins de fer, le service des marchandises se fait par des trains spéciaux marchant à petite vitesse, et qui exigent par conséquent un personnel spécial. En général il se fait la nuit, au moins pour une partie des convois, afin d'occuper le moins possible la voie de fer pendant le jour et de ne pas risquer d'entraver la circulation à grande vitesse des voyageurs et de la messagerie. Ce service nocturne est encore une cause d'augmentation de dépenses, à raison du surplus de personnel et de salaires qu'il exige. Enfin le transport des marchandises entraîne des frais de manutention dont le service des voyageurs est complétement affranchi (1).

(1) Le compte de l'exploitation du chemin de fer de Strasbourg à Bâle pour 1843 fait ressortir une recette brute :

1° Pour les voyageurs et bagages de 1,586,257f,87

2° Pour les marchandises de 491,479f,31

Et le même compte porte en dépense :

Nous avons porté au tableau, dont nous examinons les résultats, la recette brute par chaque voyageur, pour chaque période d'exploitation. Ces recettes sont respectivement :

Pour le semestre d'été de 1843.................. 6f,78

Pour le semestre d'hiver 1843-1844............. 6f,65

Pour le semestre d'été de 1844................. 5f,87

Il est probable que le parcours moyen a dû rester dans le dernier semestre à peu près ce qu'il était dans les deux semestres précédents. La forte diminution éprouvée sur la recette moyenne par voyageur doit donc être attribuée pour la plus grande part aux réductions de prix accordées par la Compagnie à partir du 1er juillet dernier, et surtout au très-bas prix auquel ont été fixées les places de voyageurs dans les convois de marchandises à petite vitesse. Ainsi, loin de pouvoir compter sur la marchandise pour compléter, presque sans frais, les trains de voyageurs, on en est venu à faire avec des voitures de voyageurs l'appoint des trains de marchandises.

Si la recette brute moyenne par voyageur est tombée de 6f,78 à 6f,65 et de là à 5f,87, il n'en faut pas conclure que les bénéfices sur cette partie du service aient subi une diminution propor-

Service de perception pour le transport des voyageurs et bagages 32,638f,25

Service spécial du transport des marchandises.......... 112,975f,78

Les frais généraux, ceux d'entretien, de réparation et ceux de traction sont, pour l'un et l'autre service, en dehors de ces deux chiffres qui montrent l'énorme différence qui existe sur ce point entre les charges afférentes à la marchandise et celles qui affectent le transport des voyageurs : c'est pour le cas particulier du chemin de Strasbourg à Bâle, et pour ces dépenses spéciales :

1° Pour le service des voyageurs $\frac{2}{100}$ de leur recette brute.

2° Pour celui des marchandises $\frac{22}{100}$ *id.*

tionnelle. La dépense a certainement éprouvé une réduction au moins équivalente, comme on peut l'induire du rapport entre le nombre par jour des trains de voyageurs pendant l'hiver et pendant l'été. Ainsi chaque convoi a dû présenter moins de places vides dans le semestre d'été de 1844 que dans le précédent; et par conséquent offrir une circulation plus économique. De sorte que la Compagnie, malgré ses réductions sur le prix des places, a dû faire *sur chaque voyageur* un bénéfice à peu près équivalent à celui des deux semestres précédents, et on devrait trouver dès lors que pour chaque semestre le revenu a été proportionnel à la recette brute.

Or, le capital social est de 37,000,000, et les recettes nettes pour chaque période, sont :

Pour le semestre d'été de 1843	1,618,888f, 77	ou 4,38	p. 0/0
Pour celui d'hiver de 1843-44	1,118,009f, 61	3,02	——
Pour celui d'été de 1844	2,058,077f, 01	5,56	——

Mais en comparant pour les deux semestres d'été leurs recettes brutes, on trouve pour leur rapport :

$$\frac{3,877,555,22}{2,692,032,62} = 1,44$$

Le revenu pour 100 du semestre d'été de 1844 devrait donc être de 4,38 × 1,44 ou 6,31

On voit que si la recette s'est accrue, le produit n'a pas suivi complétement le même mouvement et qu'il s'en faut de 0,75 p. 0/0.

Le revenu p. 0/0 du semestre d'hiver rapproché de celui de l'été de 1843 a aussi trop fléchi. Le rapport des recettes brutes de ces deux semestres est :

$$\frac{2,792,032,62}{2,290,076,59} = 1,175$$

Et le même rapport entre les revenus p. 0/0 donnerait pour le semestre d'hiver 3,74 au lieu de 3,02.

Et qu'on ne dise pas que ces résultats, qui offrent ainsi une diminution relative dans le bénéfice net, correspondant à une augmentation dans le mouvement de la grosse marchandise, proviennent de réductions sensibles des dépenses au début de l'exploitation.

Sans entrer ici dans des calculs dont nous ne voulons pas fatiguer le lecteur, nous nous bornerons à renvoyer aux comptes rendus de la Compagnie. En rapprochant les chiffres des trois périodes d'exploitation, on suivra l'influence de la grosse marchandise, qui vient peser sur les frais de locomotion, sur ceux de gare, de facteurs, d'hommes de peine, de surveillants, etc.

L'entretien seul a fait à la charge du semestre d'été de 1844 un surplus de dépense, qui figure dans les comptes pour 122,301f,37, mais la dépréciation relative du produit, à raison de 3/4 p. 0/0 du capital de 37,000,000 est de 277,500f, c'est toujours un déficit de 155,000f, relativement au produit du semestre d'été de 1843.

Nous devons faire remarquer aussi que la Compagnie a chargé son capital de travaux qui sont évidemment de la catégorie des réparations, et dont les frais devraient par conséquent être prélevés sur le produit annuel de l'entreprise. De ce nombre sont les travaux du Pont-du-Manoir. Il est clair que, sans l'occasion qui s'est présentée d'émettre de nouvelles actions, la Compagnie aurait couvert cette dépense par les recettes, de sorte que le produit net du dernier semestre se trouve grossi aux dépens du capital. La Compagnie n'entend certainement pas créer des actions pour parer à chaque accident nouveau; elle a, cette fois, profité de l'occasion, mais encore cette observation est-elle utile à l'appréciation complète des résultats de l'exploitation.

De quelque côté qu'on examine ceux-ci, il est donc évident qu'aux conditions que la Compagnie s'est imposées pour lutter contre la Seine, le transport des marchandises réduit la proportion de ses bénéfices, à raison des charges considérables et toutes spéciales qui sont inhérentes à cette partie du trafic ; et il paraît dès lors impossible que le chemin de fer puisse accorder de nouvelles diminutions sur les prix actuels de ce transport.

Cependant ces prix sont encore notablement plus élevés que ceux de la Seine; si donc la lutte doit continuer; si le chemin de fer persévère dans la voie où il est entré, la Compagnie de Rouen sera bientôt entraînée à venir combattre la navigation sur le fleuve même. Nous ne disons pas que telles soient ses intentions, nous n'avons pas la prétention de les pénétrer ; et elles importent peu, dominées qu'elles sont par la force des choses ; mais nous disons que tant que le chemin de fer ne sera pas aidé par ses intelligences avec quelques-unes des entreprises de batellerie, il ne luttera qu'avec perte et perte considérable contre la Seine ; et comme des arrangements d'une nature analogue existent en Angleterre, il nous paraît qu'ils doivent être prévus en France, et qu'il est d'autant plus indispensable de s'en préoccuper ici qu'ils constitueraient un imminent danger de monopole, et que de telles combinaisons n'excèdent en aucune façon les ressources d'une Compagnie si puissante par son énorme capital et par son légitime crédit.

Tous les perfectionnements apportés au fleuve, toutes les nouvelles facilités données à la navigation, et qui réduiraient le prix actuel du fret sur la Seine de telle sorte qu'il restât largement au-dessous des prix du chemin de fer, tendront et arriveront probablement, s'ils sont faits dans une suffisante mesure, à conjurer ce danger.

Navigation de la Seine.

On paye aujourd'hui pour la remonte par le fleuve, de Rouen à Paris, de 11 à 14 fr. par tonne pour toute espèce de marchandise. Avant l'ouverture du chemin de fer, les prix les plus élevés, perçus dans les basses eaux, atteignaient 19 et 20 francs ; la nécessité de la lutte maintient le maximum de 14 francs.

Le prix de revient du transport, ou la dépense effective du marinier par chaque tonneau de son chargement, s'accroît rapidement à mesure que la Seine approche de son étiage, et les prix varient en conséquence avec la hauteur des eaux. L'échelle hydraulique du pont de Vernon sert pour cela aux transactions de la marine, qui établit ses calculs sur les résultats suivants, donnés par l'expérience :

à 1^{m}60 de hauteur d'eau, la dépense du marinier est de	7^{f},70
1, 50	8 ,10
1, 40	8 ,90
1, 30	9 ,50
1, 20	10 ,50
1, 10	11 ,50
1, 05	12 ,50
1, 00	14 ,00

Ainsi à la hauteur de 1^{m}00, la marine rentre à peine dans ses déboursés au prix de 14 fr. pour la remonte de Rouen à Paris, elle s'indemnise dans les bonnes eaux, c'est-à-dire dans les hauteurs de 1^{m}30 à 1^{m}60, aux prix de 13 à 11 fr ; mais on voit que cette compensation est indispensable pour couvrir les pertes en basses eaux.

Le prix de la remonte de Rouen à Paris, par la Seine, doit donc être établi, terme moyen à 12 fr. du tonneau. A ce taux, et dans l'état actuel des choses, la marine ferait encore ses affaires. C'est donc pour 238 kilomètres, un prix de 0^{f},0504 par tonne et par kilomètre en remonte. Ce prix se décompose ainsi :

Droits de navigation (moyenne entre la 1re et la 2e classe)	0^{f},0029
Pilotage et gardes-ponts	0,0022
Halage	0,0115
Frais du marinier, manutention de la marchandise, assurances et bénéfices	0,0338
Total	0^{f},0504

Ce prix comprend d'ailleurs le port au bateau, l'embarquement et le débarquement de la marchandise. Enfin les bateaux restent pendant cinq jours au moins à la disposition des destinataires.

Le fret à la descente couvre en général les frais de retour et même, pour les entreprises bien achalandées, il les indemnise en partie de la modicité du prix de la remonte.

Telles sont les conditions auxquelles la Seine a opéré en 1843 un mouvement, qui, sans compter le tribut de l'Oise, a atteint 592,000 tonnes, dont 351,000 en remonte, et 241,000 en descente.

D'après le tableau statistique que M. l'ingénieur Poirée a présenté à l'administration supérieure, sur le mouvement de la navigation de la Seine en 1843, les transports les plus considérables ont lieu en hiver et au printemps; c'est seulement alors en effet que la hauteur des eaux permet de naviguer à pleine charge. Mais alors aussi, les journées sont courtes, et les nuits sombres; les chemins de halage sont en mauvais état et le plus ordinairement défoncés par le dégel ou par la pluie; les courants plus rapides exigent une plus grande force de traction, et à toutes ces causes d'augmentation de frais, viennent s'ajouter les brouillards, les glaces et les crues qui entravent la marche des bateaux.

On voit donc quel immense avantage il y aurait à améliorer la navigation de la Seine et à régulariser le tirant d'eau de manière à assurer en tout temps aux bateaux $1^{m},60$ de hauteur de mouillage. Les frais de navigation à la remonte seraient réduits ainsi, terme moyen, d'au moins 3 fr. par tonne pour le trajet entier de Rouen à Paris; c'est-à-dire qu'on obtiendrait sur la dépense du transport des 351,000 tonnes de marchandises expédiées par eau de la première ville sur la seconde, une bonification annuelle de 1,053,000 fr.! Telle est la charge que le mauvais état de la Seine impose actuellement au commerce pour cette seule partie du mouvement du fleuve; qu'on y ajoute les charges particulières dont sont grevés les énormes transports provenant de l'Oise, les pertes faites sur la plus grande durée des voyages, les surplus de frais des retours, et on arrivera à une appréciation des bénéfices qu'on pourrait assurer au commerce par un bon système d'amélioration de la Seine.

Le Gouvernement s'en occupe et l'intérêt est trop grand pour n'avoir pas depuis longtemps fixé son attention. Déjà d'importants travaux ont été faits et les résultats obtenus doivent vivement engager à les poursuivre. Le barrage de Bezons et l'écluse de Marly ont procuré au commerce une économie de plus de 300,000^{f} sur les transports de 1842, et de plus de 400,000^{f} sur ceux de 1843; et il paraîtrait qu'on peut obtenir des résultats, sinon aussi complets, du moins plus immédiats, par des travaux moins considérables et pour leur dépense et pour leur durée. Ainsi, un service régulier et permanent de draguage, combiné avec quelques travaux d'endiguement et avec l'amélioration progressive des chemins de halage, devrait pouvoir assurer presqu'en tout temps à la navigation un mouillage de 1^{m},60.

La Seine est aujourd'hui un fleuve dégénéré. Elle était loin d'offrir à la navigation, du temps de César, les difficultés qu'on y rencontre de nos jours. Les forêts dont le sol était alors couvert, maintenaient une égalité de régime, à laquelle les défrichements ont fait succéder des variations de hauteur et des intermittences qui imposent aux transports des conditions très-onéreuses. C'est à la civilisation à réparer, par ses ressources, et à son profit, ces pertes de forces utiles que la civilisation elle-même a compromises et souvent gaspillées; et ici encore s'agit-il du fleuve qui unit la capitale à notre premier port de l'océan. En vérité, il y va de l'honneur national de le mettre immédiatement dans un état en rapport avec les services plus considérables d'année en année, qu'il rend au pays.

Tout le monde en France doit sentir cela. Tout le monde doit comprendre qu'il faut terminer au plus vite les améliorations que réclame la navigation de la Seine, et dès lors le prix du fret tombant immédiatement à la moitié du prix de transport sur le chemin de fer, quelle lutte sérieuse peut-on attendre de celui-ci, qui, dans les conditions actuelles, n'a encore enlevé au fleuve que 13,000 tonnes pendant le semestre des basses eaux ? Ainsi distancé pour les prix, le chemin de fer prendra probablement son parti de la concurrence de la Seine, et nous croyons qu'il fera bien dans son propre intérêt.

Chemin de fer de Strasbourg à Bâle en concurrence avec le canal du Rhône au Rhin.

La concurrence que le chemin de fer de Strasbourg à Bâle fait au canal du Rhône au Rhin, rentre nécessairement dans notre examen, puisqu'elle a encore été invoquée comme un fait décisif en faveur de la supériorité des chemins de fer.

Les transports du canal du Rhône au Rhin entre Strasbourg et Mulhouse, ou entre Strasbourg et Huningue, sont exactement représentés par le mouvement du port de Strasbourg, car le canal n'offre aucune station intermédiaire. Voici ce mouvement pour les années 1841, 1842 et 1843 (1).

DESTINATION de la MARCHANDISE.	TONNAGE EN			DIFFÉRENCES		
	1841.	1842.	1843.	1841 à 1842.	1841-1843.	
Marchandise entre Strasbourg et Mulhouse.	27,354t	21,417t	16,056t	5,937	11,298	13,005
Marchandise à destination du midi	6,993t	5,869t	5,286t	1,124	1,707	
Marchandise en transit.	7,703t	6,366t	9,198t	1,337	Aug^{on}.	1,495
Totaux.	42,050t	33,652t	30,540t	8,398		11,510

(1) Nous extrayons ce tableau des documents que M. l'Ingénieur en chef du canal du Rhône au Rhin (division du nord) a bien voulu nous transmettre.

L'année 1843 a subi l'augmentation du tarif des droits de navigation sur le canal du Rhône au Rhin. Le mouvement du canal en a été très-sensiblement altéré ; un grand nombre de bateliers l'ont déserté pour se porter sur le canal de Bourgogne. Le tonnage de l'année 1843, influencé par cette circonstance toute spéciale, ne peut donc pas fournir d'éléments précis de comparaison. En se bornant aux années 1841 et 1842, la perte du canal, depuis l'ouverture du chemin de fer, aurait été de 8,398 tonnes; c'est le $\frac{1}{5}$ du tonnage de 1841. Il n'est pas douteux que cette réduction, dans le mouvement du canal, ne doive être attribuée à la concurrence du rail-way.

Rien n'est d'ailleurs plus facile à expliquer. Le prix actuellement réclamé par les commissionnaires de roulage de Strasbourg, pour le transport par eau de Strasbourg à Mulhouse, est de 1^f 30^c par 100 kilogrammes *de marchandises générales*, soit par tonne.. 13^f » »

A ce prix, la marchandise est rendue à domicile. La distance est de 99 kilomètres; ainsi, c'est un prix de 13 cent., 13 par tonne et par kilomètre.

Le chemin de fer prend pour le même transport de Strasbourg à Mulhouse :

En marchandise de 1re classe.. 1^f 40^c par 100 kilogrammes
Idem. 2e *idem*... 1^f 20^c *idem.*

ou, en moyenne, aussi 13^f par tonne. Le chemin de fer ayant 106 kilomètres de développement, le prix de la tonne transportée à un kilomètre est de 12 cent., 26.

Ainsi, nous sommes ici en présence d'un fait exceptionnel. La circulation sur le canal se fait à un prix exorbitant, que l'élévation même du tarif ne justifie pas, et qui n'a pourtant en Europe d'analogie qu'avec le fret total des canaux grevés de droits excessifs; et d'un autre côté, le chemin de fer exécute le transport de *Strasbourg à Mulhouse* à moindre prix que le canal. Mais aussi, ce chemin de fer s'indemnise sur les stations intermédiaires. La Compagnie a distribué son tarif de manière à faire une vive concurrence au canal avec le moins de préjudice possible pour elle-même. Elle perçoit, terme moyen, par tonne et par kilomètre, les frais accessoires compris,

1° Pour la distance de Strasbourg à Mulhouse (106 kilomètres)........................ 0f, 123
2° Pour la distance de Strasbourg à Schelestadt (41 kilomètres)........................ 0, 256
3° De Schelestadt à Mulhouse (65 kilomètres)...... 0, 206
4° Pour la distance de Strasbourg à Colmar (63 kilomètres)........................ 0, 210
5° De Colmar à Mulhouse (43 kilomètres)........ 0, 177
6° Pour celle de Strasbourg à Bollwiller (87 kilom.). 0, 166
7° Pour celle de Strasbourg à St-Louis (134 kilom.). 0, 121
Et pour la même distance, lorsque les marchandises sont en transit........................ 0, 097

De cette façon, les localités, pour lesquelles la concurrence du canal est absolument impossible, paient pour celles qui peuvent user de cette concurrence. C'est là une source de compensation qui n'est pas du tout à la disposition du canal.

Cependant, combien le défaut d'examen n'a-t-il pas fait exagérer les conséquences de la lutte du canal et du chemin de fer.

« Nous avons sous les mains », dit M. Ed. Teysserenc (1), « un moyen de contrôle bien simple et en même temps bien « décisif. C'est le tonnage du chemin de fer, tonnage qui, de « 2,200 tonnes en 1841, s'est élevé à 66,468 tonnes en 1843. « Le mouvement de la route de terre était, avons-nous dit, « de 9,500 tonnes; d'où sont sorties les 56,000 tonnes que le « chemin de fer a transportées de plus, si elles ne provien- « nent pas de l'ancienne clientèle du canal? Comment cet ac- « croissement du service des marchandises du chemin de fer a

(1) Revue indépendante. — Livraison du 10 juillet 1844, page 146.

« t-il coincidé avec la déconfiture des services de batelleries ac-
« célérés ?

Eh bien, non, le canal n'a pas livré au chemin de fer 56,000 tonnes, par la raison toute simple que le canal n'en comptait dans sa clientèle que 42,000, et qu'en 1843, il lui en restait encore 30,500.

Un examen plus complet du mouvement de la marchandise, par station de départ, aurait évité à M. Teysserenc l'erreur dans laquelle il est tombé. Il aurait vu que sur les 66,500 tonnes transportées en 1843 par le chemin de fer, il y a plus de 10,000 tonnes qui proviennent de stations qui n'ont jamais eu ni pu avoir aucun rapport avec le canal. Il aurait compris que sur les 29,000 tonnes parties de Mulhouse, la station la plus chargée d'expéditions, tout ce qui était destiné à Bâle, d'un côté, à Cernay et à Thann de l'autre, et enfin à toutes les stations intermédiaires entre Mulhouse et Strasbourg, n'aurait jamais pris le canal, qui ne passe ni à Cernay, ni à Thann, ni aux stations intermédiaires entre Mulhouse et Strasbourg, et qui, d'ailleurs, n'a jamais lutté contre le roulage pour les rapports directs de Mulhouse à Bâle. Il aurait appliqué le même moyen d'appréciation aux 20,500 tonnes expédiées de Strasbourg et aux 7,000 tonnes parties de St-Louis; et il aurait nécessairement conclu de ces rapprochements qu'il y a dans le mouvement du chemin de fer d'Alsace, à côté des provenances de l'ancien roulage parallèle, toute autre chose que les provenances du canal.

Au reste, voici ce qui se passe. Trois routes principales se dirigent de Nancy vers l'Alsace. L'une va droit sur Strasbourg, la seconde sur Colmar et la 3e sur Mulhouse et sur Bâle. Celle-ci est de beaucoup la plus chargée. L'importance des relations de Mulhouse avec Paris et le Havre, et le transit vers Bâle et la Suisse l'expliquent suffisamment. Après la route de Mulhouse vient celle de Colmar. Celle de Strasbourg est précisément la moins fréquentée des trois. Or, il arrive que les expéditions de Nancy sur Strasbourg ne se font pas toujours à pleine charge, et depuis l'ouverture du rail-way, on complète les chargements par des marchandises à destination de Mulhouse ou de Bâle, et qui, parvenues à Strasbourg, prennent le chemin de fer. Des expéditions semblables et de même origine partent de Colmar et même de Schelestadt, où elles arrivent par les voitures que le roulage adresse directement sur ce point. Enfin, et surtout, le roulage, qui allait jusqu'à Bâle, s'arrête à Mulhouse et à Thann, et tous les transports dirigés sur la Suisse prennent, à partir de ces points, la voie de fer. C'est de là que celle-ci tire sa principale alimentation en marchandise, et voilà comment s'explique l'excédant de son tonnage sur celui des anciennes voies parallèles.

Quant à « *la déconfiture de la batellerie* », voyons si elle vaut le bruit qu'elle fait.

Les commissionnaires de roulage demandent trois jours pour le transport par eau de Strasbourg à Mulhouse. Accordons 6 jours, terme moyen, avec les séjours. Le canal richement alimenté dans cette partie, et actuellement d'une bonne tenue d'eau, est navigable pendant 300 jours au moins. Chaque bateau peut donc faire par année 25 fois le trajet de Strasbourg à Mulhouse, et 25 fois le retour de Mulhouse à Strasbourg, et transporter ainsi dans cet intervalle 5,000 tonnes; et comme le tonnage total était, en 1841, de 42,000 tonnes, il constituait le travail de 8 à 10 bateaux, de 12 au plus. Voilà ce que c'est que la *batellerie* de Strasbourg à Mulhouse et à Huningue. C'est à cela que se réduit son *matériel utile*. Elle a perdu, c'est vrai, du cinquième au quart de sa clientèle; mais cette perte constitue en définitive le travail annuel de deux ou trois bateaux régulièrement et utilement employés.

Qu'en conclure? c'est qu'il n'y a pas là un mouvement qui permette d'alimenter une navigation régulière, et par conséquent économique. C'est qu'il faut toute autre chose que les rapports actuels de Strasbourg et de Mulhouse pour mettre en valeur la portion du canal, qui réunit ces deux villes. La supériorité des canaux repose toute entière sur leur puissance pour le transport de très-grandes masses. Mais là où il n'y a pas de grandes masses, là où les chargements sont faibles et le plus souvent incomplets, là enfin où un médiocre tonnage n'a qu'une courte distance à franchir, le canal déchoit de toute la portion de sa puissance qu'il laisse sans emploi.

Et pourtant ici encore le canal n'a perdu qu'un cinquième de son tonnage en 1842, et qu'un quart en 1843, sous l'action complexe du chemin de fer et de l'aggravation des tarifs.

Quant au chemin de fer, MM. E. Flachat et A. Barrault (1) ont établi par des calculs que les conditions, auxquelles il effectue actuellement les transports de marchandises, le mettent en perte sur cette partie de son trafic. Nous ne reproduisons pas ici ces calculs, parce qu'ils ont quelque chose d'hypothétique, et que nous nous attachons exclusivement aux faits, mais nous sommes d'autant plus disposés à en admettre la conclusion que d'après les vérifications que nous avons faites, le parcours moyen des marchandises sur le rail-way d'Alsace ne dépasserait pas 50 kilomètres; et qu'il ne sort pas par conséquent des limites dans lesquelles une exploitation ne peut être fructueuse qu'à l'aide d'un tarif très-élevé et d'une alimentation très-régulière.

La preuve que cette dernière condition de prospérité manque, quant à présent, au chemin de fer d'Alsace, c'est que les commissionnaires de roulage eux-mêmes se plaignent de l'irrégularité du service pour les transports qu'ils livrent à la Compagnie, et surtout du temps qu'elle exige pour rendre les marchandises à destination. Ils songent même à relever leurs propres services pour retrouver la continuité de leurs anciens rapports.

(1) Rapport sur la valeur financière du canal du Rhône au Rhin. — Janvier 1844.

Nous terminerons là ces rapprochements des chemins de fer et des voies navigables en concurrence.

Nous n'avons pas de renseignements précis sur les conséquences de la rivalité du chemin de fer d'Orléans avec les canaux d'Orléans et du Loing. Le premier doit sans doute au roulage par terre la plus grande partie de sa riche alimentation en transports de marchandises.

Tout ce que nous savons de la lutte du chemin de fer de Montpellier à Cette avec les canaux du Lez et des Etangs, c'est qu'elle se fait à des conditions onéreuses pour le chemin de fer, dont le tonnage aurait plutôt perdu que gagné en 1844.

CHAPITRE III.

DU PRIX EFFECTIF DU TRANSPORT DES MARCHANDISES SUR LES CANAUX ET LES CHEMINS DE FER.

Il importait de fixer avant tout les idées sur les résultats de la concurrence actuellement ouverte entre les canaux et les chemins de fer, d'apprécier la situation respective dans laquelle la lutte a placé les deux systèmes de communication, et enfin de restituer aux faits leurs dimensions propres, singulièrement altérées par la polémique, et leur véritable signification. C'est ce que nous avons entrepris dans le chapitre précédent et nous avons la confiance qu'il ne laissera dans l'esprit de tout lecteur sincèrement impartial aucun doute, non-seulement sur la résistance vigoureuse des voies de navigation, mais même sur leur prépondérance pour le transport des grandes masses.

Cette prépondérance se maintiendra-t-elle ? On en jugera par l'examen des causes qui la produisent.

Mettons-nous d'abord à l'abri de toute appréciation arbitraire. On a discuté sur la quotité des droits de péage des canaux, sur la nécessité de leur demander l'intérêt et l'amortissement du capital engagé et sur l'obligation, pour rester dans des termes équitablement comparables, de ne pas attribuer aux voies navigables des conditions d'affranchissement qu'on serait forcé de refuser aux chemins de fer.

Eh bien, faisons mieux encore! Admettons que les chemins de fer et les canaux sont également affranchis de toute charge d'intérêt et d'amortissement; supposons que, pour eux comme pour les routes, le droit de parcours est gratuit, et que la marchandise n'a à payer que *le prix effectif* du transport, c'est-à-dire le montant des frais qu'elle impose pour sa manutention et son déplacement. Quant aux droits de péage qui s'appliquent, non pas au travail même du transport, mais à la rétribution du capital absorbé par la communication elle-même, nous y viendrons tout à l'heure, ils auront leur chapitre à part.

Le prix effectif du transport comprend toujours, quelle que soit la voie sur laquelle s'effectue la locomotion :

1° Le chargement;

2° Le loyer du véhicule et de ses agrès indispensables;

3° La dépense de traction ou de halage, dans laquelle entre le loyer du moteur;

4° Les frais d'administration de l'entreprise *du transport*, les chances à sa charge pendant que la marchandise lui est confiée, les frais de manutention et de surveillance qu'elle peut réclamer durant le voyage;

5° Le déchargement;

Enfin 6° le bénéfice afférent au transport proprement dit.

Tous ces éléments sont en général confondus dans le prix payé pour le mouvement de l'objet transporté. Sur les chemins de fer même ils sont réunis avec le *péage* proprement dit, et c'est de là qu'est venue l'erreur dont nous avons parlé, et qui a fait prendre pour la dépense totale du transport, le seul prix de la traction, sans y comprendre même, comme on le verra plus loin, le loyer du moteur.

Ce qui étonne, c'est qu'une telle erreur ait pu avoir quelque crédit en présence de cette réflexion toute simple que le maintien des tarifs à un minimum d'environ 10 centimes, se reproduit pour presque toutes les Compagnies contenues par la concurrence, et que les tarifs insérés dans les cahiers de charges les plus récents vont même fort au delà. Cette persistance à se tenir aussi loin du prix effectif de la locomotion aurait pourtant dû convaincre que ce prix n'est qu'une faible partie de la dépense totale du transport.

Sur les canaux, on a commis l'erreur inverse. Là le transport et le péage sont naturellement séparés, puisque l'industrie propre de l'entrepreneur du transport est en général indépendante de la propriété même de la voie navigable sur laquelle cette industrie s'exerce. Le péage, qui se perçoit au profit de l'Etat ou des Compagnies concessionnaires, et qui est réglé par des tarifs tout à fait étrangers aux autres charges du transport, se déduit donc facilement du prix total du fret acquitté au batelier. Or, on s'est borné à cette déduction, et c'est le surplus formant *le prix effectif total du transport* qu'on a comparé avec le seul prix de la *locomotion* sur le chemin de fer. Il n'y a évidemment dans cette manière de procéder ni équité ni raison, et toutes les conséquences qu'on a tirées d'un rapprochement aussi évidemment faux, n'ont elles-mêmes aucune espèce de valeur.

Puisqu'on dégageait sur les chemins de fer le *prix de la locomotion*, il fallait dégager sur les canaux *celui du halage*, et alors on aurait eu des termes comparables, et qu'on pouvait raisonnablement mettre en présence. C'est ce que nous ferons, car un tel rapprochement ne peut que jeter beaucoup de jour sur le mécanisme des deux modes de transport.

Traité de locomotion sur le chemin de fer de Rouen et entreprise de halage sur le canal de Charleroy.

Pour les chemins de fer, on a tiré ces chiffres d'un marché devenu public ; c'est à un marché que nous demanderons ceux qui concernent les canaux, et celui-là a une grande authenticité. Il s'agit encore du canal de Charleroy à Bruxelles, dont nous nous sommes occupés dans le chapitre précédent.

Un arrêté royal du 28 août 1838 a décidé que le halage des

bateaux sur ce canal ferait l'objet d'une entreprise publique. Une première adjudication a été passée et a donné lieu à une concession expirée le 21 février dernier. En vertu d'un nouvel arrêté royal du 16 octobre 1843, il a été procédé à une nouvelle adjudication, pour une période de cinq ans, qui ont commencé à courir le 22 février 1844.

L'article 2 du cahier des charges, arrêté le 18 novembre 1843 par M. le ministre des travaux publics, porte:

Les principales obligations de l'entrepreneur sont :

1° « D'avoir constamment pendant les heures de navigation » et à chaque station les hommes et les chevaux nécessaires » pour que tout bateau se présentant soit halé sans retard ;

» 2° De faire le halage soit par des hommes, soit par des » chevaux, au pas, d'une manière active, régulière et sans in» terruption ;

» 3° De fournir avant l'approbation de l'adjudication un » cautionnement en numéraire de 20,000 fr. Ce cautionne» ment sera déposé à la caisse des consignations; il sera restitué » au terme de l'entreprise.

» L'entrepreneur aura le droit :

» 1° De faire le halage à l'exclusion de tout autre.

» 2° De percevoir les rétributions déterminées par son mar» ché. »

L'article 3 divise l'étendue totale du canal en dix relais qui ont ainsi, terme moyen, une longueur de 7,4 kilom.

Quant à la mise à prix servant de base à l'adjudication, elle est fixée par l'art. 12, dont voici les termes :

« Pour le halage des bateaux parcourant le canal, l'entre» preneur recevra les prix maximum ci-après indiqués :

» Par relais	à vide ou chargé de moins de 10 tonneaux	1f,50
	chargé de 10 à 16 tonneaux..........	2f,00
	chargé de 16 tonneaux et au-dessus....	3f,00

Voilà sur quelles conditions l'adjudication a été passée. La soumission qui l'a emporté présentait un rabais de 1 fr. sur le prix du relais à charge et de 0 fr.,50 c. sur celui du relais à vide, en sorte qu'en ce moment, après une expérience de six années, le halage par entreprise publique sur le canal de Charleroy coûte par relais de 7,4 kilom. :

Pour tout bateau vide ou chargé de moins de 16 tonnes, 1 fr.

Et pour tout bateau chargé de 16 tonnes et au-dessus, 2 fr.

Le bateau chargé paye donc pour le hallage à 1 kilomètre :

$$\frac{2}{7,4} = 0^{f},27$$

La Compagnie de Rouen paye pour chaque kilom. et pour le seul service de la locomotive 1 fr.,10.

Pour un chargement du bateau égal à celui d'un convoi, la traction sur le chemin de fer serait donc plus que quadruple du halage sur le canal. Mais les chargements ne sont pas égaux. Le bateau du canal de Charleroy porte 70 tonnes (1). Leur halage *à charge* coûterait donc pour chaque tonne transportée à un kilomètre :

$$\frac{0,27}{70} = 0^{f},0038$$

Sur le chemin de fer la charge utile du train étant de 100 tonnes, et le train payant 1fr.,10 par kilomètre, le prix de traction *en charge* est par tonne et par kilomètre...... $0^{f},011$.

Le second chiffre est triple du premier; mais ce ne sont pas encore là les chiffres réellement comparables, parce qu'ils s'appliquent à la circulation en pleine charge et qu'il faut tenir compte des retours en charge incomplète ou à vide.

Nous avons vu au précédent chapitre que sur le chemin de fer de Rouen le chargement moyen des convois, remonte et descente, n'atteignait pas 60 tonnes. A ce taux la traction par kilomètre et par tonne serait de :

(1) Rapport présenté le 20 mars 1839 à la chambre des représentants par M. le ministre des travaux publics, suivi de pièces justificatives, page 182.

$$\frac{1,10}{60} = 0^f,0183$$

Bien que le canal de Charleroy ne soit pas dépourvu de contre-voitures, admettons que tous les retours s'y font à vide. Chaque bateau de 70 tonneaux de chargement paiera ainsi pour le halage 3 fr. par relais, dont 2 fr. à l'aller et 1 au retour, et le prix par tonne et par kilomètre sera :

$$\frac{3}{70 \times 7,40} = 0^f,0058$$

Voilà les chiffres qu'il fallait rapprocher! Ainsi 1 cent. 83 et 0 cent. 58, tels sont les prix respectifs de la traction sur le chemin de Rouen et du halage sur le canal de Charleroy ; et encore le loyer du moteur est compris intégralement dans ce prix du halage sur le canal. L'entrepreneur du halage ne se borne pas à nourrir les chevaux, à les entretenir et à les conduire. Il les fournit en première mise comme en remplacement. Le batelier ou l'entrepreneur du transport n'a ni avance à faire ni souci à concevoir de ce côté. Avec une rétribution de moins de six dixièmes de centime par tonne et par kilomètre, il paie tout le halage et pour ses avances en capital, et pour ses frais courants et journaliers.

Au chemin de Rouen, au contraire, la Compagnie qui fait les *transports*, fournit la locomotive à l'entrepreneur qui fait la *traction :* et avec la locomotive, son compagnon obligé, le tender, et toutes ses conséquences immédiates, comme les remises où elle est abritée, les ateliers où on la répare, les magasins de coke et des autres objets de consommation, les grues hydrauliques, etc., toutes choses prises sur le capital de la Compagnie et dont l'entrepreneur de la locomotion use comme de la machine elle-même. Tout cela forme des sommes énormes, et tout cela doit entrer dans le loyer du moteur, comme le loyer de l'écurie où il est reçu compte nécessairement dans le prix de la journée du cheval de halage.

Il faut y comprendre aussi les chances de pertes, en dehors

de celles dont le traité de locomotion garantit la réparation, comme seraient par exemple les pertes par force majeure, celles qui proviendraient d'un accident subit dans la voie, d'un éboulement dans une tranchée, de la chute d'un ouvrage d'art, etc. Toutes ces chances contraires, à la charge évidemment du concessionnaire de la voie, et qui, par cela même qu'elles menacent le matériel, menacent aussi la marchandise, méritent bien qu'on en fasse état, et les exemples ne manqueraient pas pour justifier à cet égard une sage prévoyance.

Le *moteur* sur un chemin de fer avec ses dépendances nécessaires, représente donc un énorme capital, et un *capital industriel périssable*, et dès lors le *loyer du moteur*, indépendamment de *son entretien* et de sa *mise en mouvement*, doit former une partie très-sensible de la dépense propre du transport.

Eh bien, le prix de 1 cent. 83 pour la traction d'une tonne à 1 kilom., prix payé par la Compagnie de Rouen à son entrepreneur de locomotion, ne comprend pas ce *loyer du moteur*, tandis que le prix de 0 cent. 58 payé pour le halage d'une tonne utile à 1 kilomètre sur le canal de Charleroy, comprend tout le halage, le *loyer du moteur* aussi bien que son entretien, sa conduite, etc.

Ainsi donc, premier point : pour les deux voies spéciales que nous considérons, le *halage, loyer du moteur compris* sur la voie d'eau, n'est pas le tiers de la *traction sans le loyer du moteur* sur la voie de fer (1).

(1) On connaît en général le nombre des locomotives dont le service spécial de la marchandise réclame l'emploi sur chaque chemin de fer en exploitation, mais il serait difficile d'apprécier la part qui revient à ces locomotives dans la construction des remises, des ateliers, des magasins, etc., dont la destination embrasse tout le matériel roulant de l'entreprise. Le *loyer du moteur*, pour chaque tonne transportée à 1 kilomètre, est donc un élément de la dépense effective du transport qu'il est assez difficile de dégager pour un chemin déterminé, dont la construction première et l'exploi-

Voulons-nous étendre ces résultats à d'autres communications? Pour le halage c'est facile; et on peut affirmer qu'on pourra reproduire sur tous les canaux pouvant recevoir des bateaux du port de 70 tonnes, un prix de halage aussi faible que celui du canal de Charleroy. Il suffira pour cela que le tonnage total comporte le halage par entreprise et en relais et que les bateaux satisfassent à certaines conditions de formes, de dimensions et de tirant d'eau. On pourrait même sur la plupart des canaux français améliorer encore ces résultats.

Pour les chemins de fer, c'est différent! Il y a sans doute des chemins sur lesquels la *traction* est moins coûteuse encore que sur celui de Rouen; mais en général on ne pourrait pas admettre que son traité de locomotion donnât une moyenne applicable aux circonstances communes des rails-ways français. La Compagnie d'Orléans a fait le calcul en ce qui la concerne, et elle a reconnu que la dépense totale de traction et d'entretien, calculée d'après les conditions du traité du chemin de Rouen, devrait être augmentée pour le chemin d'Orléans de 16 p. 0/0. Les circonstances du tracé ont ici une influence capitale. Les rampes à franchir qui limitent la charge utile des convois et qui, au delà d'une certaine inclinaison, exigent même des machines de renfort; les courbes qui ralentissent la marche et ajoutent aux frottements; enfin le prix du combustible sont autant de causes qui modifient les conditions de la traction

tation seraient parfaitement connues dans tous ses détails ; et encore le chiffre obtenu pour un chemin ne donnerait-il pas d'indices concluants pour un autre. Nous renonçons donc à ce genre de recherches, parce qu'à défaut des documents indispensables, elles ne pourraient nous conduire qu'à des approximations incomplètes ; parce qu'elles n'auraient pas de résultats sérieusement utiles, et surtout parce que les rapprochements généraux que des faits irrécusables nous permettent d'établir, fournissent une démonstration si simple, si nette et si précise que ce serait en vérité dommage de la compliquer par des déductions et des chiffres qui n'ajouteraient rien à l'évidence des conclusions.

d'une *tonne utile* et qui établissent des différences considérables dans les prix de *cette traction* pour des chemins différents. La répartition des objets de transports, qui procurent des chargements plus ou moins complets sur tout le parcours des trains, y a aussi une grande part. Sous ce dernier rapport, le chemin de Rouen est dans des circonstances évidemment favorables. Ses pentes sont d'ailleurs faibles et le combustible de bonne qualité y est à un prix généralement assez bas. La *dépense de traction* doit donc y être au-dessous plutôt qu'au-dessus du prix moyen.

La comparaison du traité de locomotion du chemin de fer de Rouen avec l'entreprise du halage sur le canal de Charleroy ne peut pas s'étendre à la dépense des *véhicules* sur chacune des deux voies. Mais, en ce qui concerne les bateaux du canal, nous lisons dans le rapport déjà cité de M. l'inspecteur Vifquain :

« Le bateau qui transporte à Bruxelles et sur toutes les na- « vigations de la Belgique, aucune exceptée, coûte 2,500 fr. « bien conditionné et entièrement gréé ; un tel bateau por- « te 70 tonneaux de marchandise et peut transporter 1750 « tonneaux à Bruxelles, en 25 voyages de 100 kilom. chacun, « y compris retour. »

« Son entretien, y compris l'amortissement, s'élève annuel- « lement à 15 p. 0/0 du coût, ou à 412 fr. 50 c., ce qui fait revenir « le prix du bateau, par tonneau transporté à 1 kilom. à moins « de 1/2 centime » (1).

Exactement : *le loyer du bateau, son entretien* et *son amortissement* coûtent sur le canal de Charleroy 0 c. 47 par tonne transportée à 1 kilom.

C'est là toute la charge du batelier *en matériel*. En la réunis-

(1) Rapport présenté à la chambre des représentants, le 20 mars 1839, par M. le ministre des travaux publics— Page 182.

sant à la dépense propre du halage, qui est de 0 c. 58, on trouve pour le montant total des frais imposés au batelier *pour son matériel*, et pour la *traction de son bateau*, une dépense de 1 c. 05, par chaque tonne portée à un kilom.

Nous avons vu en discutant, dans le chapitre précédent, le traité de locomotion du chemin de fer de Rouen que la Compagnie payait pour *la traction* et *l'entretien* de tout le *matériel roulant*, locomotives et wagons, un prix qui ressort en moyenne par tonne transportée à un kilomètre à 2 centimes 1/2.

Mais, ces frais couverts, que reste-t-il donc de chaque côté?

Sur le canal le *halage* est payé, le *bateau* l'est pour *son intérêt, son entretien* et *son amortissement*. Le batelier, homme de labeur pénible, de mœurs simples et rudes, vivant avec sa famille pendant une partie de l'année dans l'étroite cabine que porte son bateau, est content si son travail a pu satisfaire au petit nombre de ses modestes besoins; il est heureux s'il a pu au bout d'une année de fatigue, faire une épargne de 3 ou 400 francs.

Sur le chemin de fer, si la *locomotion* est payée, c'est *moins le loyer du moteur;* et si les frais *d'entretien et de graissage des wagons* sont couverts, c'est encore *moins le loyer de ces véhicules*, que la Compagnie fournit en première mise. Et, à côté de ces *loyers*, portant, nous insistons sur ce point, sur un capital énorme confondu à tort dans la dépense de la voie, qui doit rester indépendante du matériel roulant, comme le canal reste indépendant du bateau et du moteur qui le tire; à côté de ces *loyers*, disons-nous, que trouve-t-on ? une administration coûteuse; un nombre formidable de gardes, de conducteurs, de facteurs, de surveillants, d'hommes de peine, etc; une complication de service pour accorder les deux circulations à grande et à petite vitesse; les chances contraires qu'entraîne cette complication, les soins qu'elle réclame et les frais particuliers qu'elle impose; et enfin, qu'on remarque bien ceci, une usure, une détérioration de la voie, en général proportionnelle sur le chemin de fer aux masses qu'il porte; tandis que sur le canal il n'y a pas de surcharges, mais seulement déplacement de volume sans augmentation de poids, et l'accroissement de la circulation n'a en réalité d'action sensible que sur la durée des chaussées des chemins de halage, et sur l'entretien des écluses à cause de la manœuvre plus fréquente de leurs portes, du frottement plus souvent renouvelé des bateaux.

Ces rapprochements, pris dans la nature même des choses, permettent-ils donc d'espérer des chemins de fer des transports aussi économiques que ceux qu'on obtient des canaux? Non, évidemment non! Et les différences que nous allons signaler dans les données de la pratique se trouvent ainsi à l'avance parfaitement expliquées et justifiées.

Des prix en usage sur les lignes de navigation aboutissant à Paris.

Nous ne voulons pas multiplier les exemples; nous nous bornerons donc à présenter les prix en usage sur les principales lignes de navigation qui aboutissent à Paris.

Ligne du nord, *de la frontière de Belgique au bassin de la Villette*. Cette ligne suit *le canal de Mons à Condé, l'Escaut, les canaux de Saint-Quentin, du Crozat et de Manicamp, le canal latéral à l'Oise, l'Oise, la Seine et le canal Saint-Denis.* Elle offre, depuis la frontière belge jusqu'au bassin de la Villette, un développement total de 344 kilom. 70.

Le transport d'une tonne de houille coûte, terme moyen, pour tout ce parcours........................ 13f, 75

Le batelier reçoit donc pour un bateau portant 150 tonnes de chargement effectif une somme totale de...... 2062f, 50

En voici l'emploi:

1° Droits de navigation:

Pour le voyage en charge.,......	728f, 10	905f, 25
Pour le retour à vide............	177, 15	
A reporter...... .		905f, 25

Report....... 905f, 25

2° Frais de halage:

Pour tout le voyage en charge....	430f, »»	590, »»
Pour le retour à vide.............	160 , »»	

3° Frais de marine.

Un pilote de Janville-sur-l'Oise à la Briche-Saint-Denis sur la Seine.....	70f, »»	567, 25
Patente, loyer, entretien du bateau, nourriture, salaires, bénéfice.......	497 , 25	

Total pareil........ 2062f, 50

Ainsi le prix du transport ramené à l'unité commune d'une *tonne transportée à un kilomètre*, revient sur la ligne du nord à 0 fr.,0399, *y compris le retour à vide* et il se compose ainsi:

Droits de navigation........................ 0f, 0175
Hallage et frais de marine...... .... 0 , 0224
0f, 0399

Ligne de Dunkerque a Paris, *par les canaux de Bourbourg ou de la Colme, d'Aire à la Bassée, de la Haute-Deule, etc.*

La distance entière est de 457 kilomètres.

On paye pour le transport d'une tonne, en bois de construction, 20 francs pour tout le parcours, dont 8 francs de droits et 12 francs pour transport et accessoires; soit par tonne et par kilomètre:

Droits de navigation........................ 0f, 0175
Transport, etc.............................. 0 , 0263
Total 0f, 0438

Ligne de Lyon a Paris, *par la Saône, le canal de Bourgogne, l'Yonne et la Seine.*

Le fret sur cette ligne est en général de 35 francs pour une tonne de vin parcourant la distance entière. La concurrence des bateaux chassés du canal du Rhône au Rhin par une augmentation de tarif, avait fait descendre dans ces derniers temps ce fret à 32 francs; mais ce n'est là qu'une situation passagère qui ne saurait se maintenir.

Le bateau *chargé de vins* qui suit le canal de Bourgogne porte, terme moyen, 120 tonneaux. La distance entière est de 647 kilomètres, ainsi répartis :

La Saône, de Lyon à Saint-Jean-de-Losne... 211 kilom.

Le canal de Bourgogne.................. 242

Enfin l'Yonne et la Seine, entre la Roche et Paris........................... 194

647

Les frais du marinier pour le voyage entier se composent ainsi :

1° *Frais de chargement* à Lyon, y compris la nourriture des bateliers au bateau, le droit d'attache, etc.; par bateau de la charge effective de 120 tonneaux.............. 165f, »»

2° *Frais de halage et de marine en route,* y compris les frais d'alléges sur l'Yonne, le loyer complet du bateau et de ses agrès, son entretien, etc... 1990, 35

3° *Frais à la livraison*, droits d'attache, loyer du bateau et frais pendant 15 jours de planche accordés pour déchargement.................. 118, 65

4° *Frais de retour à vide*, loyer du bateau et traction sur les rivières et le canal............. 245, »»

5° *Pertes d'intérêt* sur les avances propres du marinier.................................. 115, 20

Total des dépenses de marine et de traction... 2634f, 20

Les droits de navigation comprennent :

1° *Les droits pour le voyage en charge* qui s'élèvent pour chaque tonne à......................... 12 f., 2072

2° *Les droits sur le retour à vide.* Les bateaux vides sont affranchis de toute taxe sur la Seine, l'Yonne et la Saône. Ils ont seulement un droit de navigation à payer sur le canal de Bourgogne. Ce droit s'élève pour la traversée du canal et pour un bateau de 120 tonneaux à....... 17f, 30

Le transport du vin, sur la ligne de Lyon à Paris, s'effectue donc par la ligne du canal de Bourgogne, à raison de 0fr.,0541 par tonne et par kilomètre, et ce prix se décompose ainsi :

1° *Droits de navigation.*

A l'allée en charge.............. 0f, 0189 } 0f, 0191
Au retour à vide................. 0 , 0002 }

2° *Frais de hallage et de marine , chargement, droits d'attache et de planche, etc*.............. 0f, 0350

0f, 0541

Ce prix , comme on le verra , est susceptible d'une notable réduction.

Ligne de Lyon a Paris, *par la Saône, le canal du centre, le canal latéral à la Loire, les canaux de Briare et du Loing et la Seine.*

Cette ligne, qui a un développement de 652 kilomètres , présente sur sa rivale du canal de Bourgogne des avantages certains, en ce qu'elle affranchit de la remonte de la petite Saône, entre Châlons et Saint-Jean-de-Losne , et des embarras de l'Yonne , entre la Roche et Montereau, mais elle a un grave inconvénient : les dimensions des écluses du canal du centre et des canaux de Briare et du Loing , ne comportent que des bateaux de 75 tonneaux de charge utile. Toutefois, la dépense en frais de halage et de marine, c'est-à-dire le transport proprement dit, est moins élevé sur la ligne du centre que sur celle du canal de Bourgogne. En effet, cette dépense se monte pour la distance entière de Lyon à Paris, et pour chaque bateau portant, terme moyen, 75 tonneaux à............. 1467f, 65

Ce qui donne pour le transport d'une tonne à un kilomètre................................. 0f, 0300

Mais les tarifs élevés des canaux, particulièrement de Briare et du Loing, grèvent cette ligne de droits

A reporter....... 0f, 0300

Report....... 0f, 0300

de navigation qui se montent, en total, pour chaque tonne parcourant la distance entière à 34 fr.3269, ou pour la tonne transportée à un kilomètre à........ 0, 0526

Il ressort donc pour la ligne du centre un prix par tonne et par kilomètre de...................... 0, 0826

Les transports sur la ligne de Bourgogne se faisant à raison de 0 fr.,0541 par tonne et par kilomètre, la ligne du centre a été complètement deshéritée des rapports de Lyon vers Paris depuis l'ouverture du canal de Bourgogne.

Ligne de Roanne a Paris: 1° *Par le canal de Roanne à Digoin, le canal latéral à la Loire et les canaux de Briare et du Loing.*

2° *Par la Loire, les canaux de Briare et du Loing.*

Le parcours de Roanne à Paris est de 443,50 kilomètres.

Les bateaux qui font les transports sur cette ligne ne portent que 75 tonneaux en moyenne. Ils sont en sapin et sont déchirés à Paris.

Les droits de navigation sont, par tonne, pour la distance entière, lorsqu'on suit les canaux entre Roanne et Briare, de...................................... 23f, 30

Tous les frais de marine, y compris les droits d'attache, les 15 jours de planche, la perte sur le déchirage du bateau, s'élèvent par tonne à............. 8, »»

Et partant le prix du transport d'une tonne de Roanne à Paris, en suivant les canaux, serait de.... 31f, 30

Mais la concurrence de la Loire entre Roanne et Briare a fait tomber le fret à 28 francs, ou à 0 fr.,0631 par tonne et par kilomètre. Ce prix se divise :

En droits de navigation.................... 0f, 0308
En transports, accessoires compris,............ 0, 0323
0, 0631

Il suit de là que les canaux de Roanne à Digoin et de Digoin à Briare ne sont que très-rarement suivis pour les transports de Roanne vers Paris. Ces canaux portent, comme nous l'avons dit, les compléments de charge des bateaux qui descendent la Loire pour prendre le canal de Briare, et ils font de plus tous les transports en remonte dans cette partie de la vallée de la Loire.

Canal de l'Ourcq. Ce canal, dont la principale destination est d'amener des eaux à Paris, n'a qu'un versant et aucune communication supérieure avec d'autres rivières navigables. Sa navigation est donc assez limitée. Elle se divise en deux services : l'un journalier, dit accéléré, et qui est principalement alimenté par les grains et farines expédiés de la Brie vers Paris; l'autre, non accéléré, fait les transports de matériaux, de combustibles et particulièrement ceux des bois de la forêt de Villers-Cotterets.

Le service ordinaire se fait par convoi de deux bateaux accouplés bout à bout. La charge utile d'un convoi est, terme moyen, de 90 tonneaux, 45 par bateau.

Le décompte des frais du marinier s'établit ainsi :

1° *Traction et frais de marine;*

Remonte des deux bateaux		60f »
4 jours de remonte,		
2 *id.* pour chargement,		
6 *id.* de descente,		
3 *id.* pour déchargement,		
15 jours à 3f	45f	90 »
Bateau et cordage	45f	
Main d'œuvre du chargement		50 »
		200f »

2°. *Droits de navigation ;*

Le marinier paie en tout pour cet objet	390 »
Total	590f »

Le parcours étant en tout de 110 kilomètres, et le chargement de 90 tonnes,

Il vient *par tonne et par kilomètre*,

Traction et frais..........................	0f, 0202
Droits de navigation........................	0, 0394
Total.............	0f, 0596

Cependant le marinier reçoit en général pour un convoi de bois portant 90 tonnes, 625 fr., ce qui lui donne un bénéfice de 35 fr. par convoi et élève le prix par tonne à 0 fr., 0631, ou à 0 fr., 0237 pour le transport seul et ses accessoires, sans les droits.

Le transport des pierres de taille se fait aux mêmes conditions.

Celui des pavés coûte moins. Ils parcourent sur le canal 80 kilomètres et le marinier reçoit 224 fr. par chargement de 90 tonneaux, 0 fr., 0311 par tonne et par kilomètre, savoir :

Traction et frais de marine.....	0f, 0186
Droits de navigation........................	0, 0125
	0f, 0311

Le service accéléré se fait entre Meaux et Paris sur une distance de 50 kilomètres, par des bateaux pontés, halés à la descente comme à la remonte par des chevaux. Les départs étant *journaliers*, les bateaux ne naviguent pas toujours à charge complète. Les transports s'effectuent à raison de 6 fr. 50c la tonne rendue à destination dans Paris ou la banlieue. Ce prix est composé ainsi :

Réception et embarquement............... ...	1f	00c
Débarquement et camionage.......	2	50
Droits de navigation...	1	50
Transport par eau..........................	1	50
Total.........	6f	50

Ce qui donne 0 fr., 03c par tonne et par kilomètre pour le transport proprement dit et autant pour les droits.

Ce service est très-bien monté, très-régulier et probablement très-productif.

LIGNE DU HAVRE ET DE ROUEN A PARIS. *Du Hâvre à Rouen*, la navigation est maritime. Le fret y varie de 7 à 10 fr. par tonne de marchandise lourde pour la distance entière qui est de 152 kilomètres. Il s'élève de 17 à 20 fr. pour les cotons, les laines, etc.

De Rouen à Paris: nous avons donné dans le chapitre précédent sur cette navigation tous les renseignements utiles, et nous avons dit que le prix de la remonte s'élevait, terme moyen, à 0 fr., 0504 par tonne et par kilomètre, savoir :

Droits de navigation........................ 0f, 0029
Pilotage, halage, frais de marine, etc......... 0, 0475
0f, 0504

Récapitulons ces données de l'expérience.

INDICATION DES LIGNES DE NAVIGATION.	FRET TOTAL par tonne et par KILOM.	DÉCOMPOSITION du fret.		OBSERVATIONS.
		DROITS de navigation.	TRANSPORT.	
Ligne du nord, de la frontière Belge au bassin de la Villette.	f 0,0399	f 0,0175	f 0,0224	Houille.
Ligne du nord de Dunkerque à Paris.	0,0438	0,0175	0,0263	Bois de construction.
Lignes de Lyon à Paris:				
1° par le canal de Bourgogne . .	0,0541	0,0191	0,0350	Vin.
2° par le canal du Centre et le canal latéral.	0,0826	0,0516	0,0300	Vin.
Ligne de Roanne à Paris	0,0631	0,0308	0,0323	Vin, bateau déchiré à Paris.
Canal de l'Ourcq.	0,0631	0,0394	0,0237	Bois.
	0,0311	0,0125	0,0186	Pavés.
Seine à la remonte.	0,0504	0,0029	0,0475	Marchandises générales.

Les prix portés à ce tableau sont ceux qui sont effectivement payés par le commerce. Ils comprennent donc les frais imposés au marinier pour les retours à vide ou à charge incomplète. Ils comprennent aussi l'embarquement, le débarquement et *les jours de planche*, c'est-à-dire le temps pendant lequel le marinier laisse son bateau à la disposition du destinataire pour prendre livraison. Ce temps varie de cinq à quinze jours, suivant les lignes et suivant la nature du chargement.

Nous aurions pu, d'ailleurs, faire entrer dans ce tableau le fret sur les lignes de Belgique, où la puissance et la régularité de la navigation réduisent dans une assez grande proportion le prix des transports. Nous avons préféré nous en tenir au réseau navigable qui rayonne autour de Paris. Ce réseau est formé, comme on voit, d'éléments très-divers en rivières et canaux, et il peut par conséquent être considéré comme présentant le cas général d'un grand système de navigation intérieure.

Le plus haut prix de transport du tableau précédent est celui de la Seine. Il est de 0 fr., 0475 par tonne et par kilomètre, mais, d'une part, il ne concerne que la remonte; et, d'un autre côté, il est relatif à un état du fleuve qu'il est indispensable d'améliorer et dont les perfectionnements doivent produire une réduction d'un tiers au moins sur les frais de la remonte.

Après la Seine, la ligne de Lyon à Paris, par le canal de Bourgogne est celle qui présente le prix de transport le plus élevé. Plusieurs circonstances grèvent singulièrement cette ligne, nous en signalerons une seule parce que celle-là ne peut être évidemment que temporaire et qu'il faut bien qu'elle disparaisse. Il s'agit de la navigation de l'Yonne, entre la Roche sur-Yonne et Montereau, où la rivière, qui ne comporte pas le tirant d'eau du surplus de la ligne, exige l'emploi d'allége. Les bateaux arrivant par couple à la Roche sont forcés de rompre leur chargement et de recourir à l'emploi d'un troisième bateau, ou allége, qui suit le convoi jusqu'à Montereau, où il restitue le chargement qu'il a reçu; l'allège remonte ensuite à vide jusqu'à la Roche. La dépense occassionnée par cette manœuvre est, pour chaque couple de bateaux, de 761f (1); le convoi porte 240 tonnes, et parconséquent c'est une charge par tonne de 3 fr. 17. On jugera de la perte impossée au commerce par cette entrave, en rapprochant ce chiffre du tonnage effectif de l'Yonne pour les provenances du canal de Bourgogne et du canal du Nivernais. Ce tonnage est de 200 000 tonnes et la perte annuelle est par conséquent de 634,000f ! Ainsi le fret, sur la ligne du canal de Bourgogne, est susceptible de notables réductions, qu'il obtiendra à coup sûr.

Nous pourrions pousser plus loin ces observations et poser en principe que, puisque les termes de comparaison sont pris dans des exploitations de chemins de fer en parfait état, il faudrait pour être conséquent, prendre pour les canaux et les rivières les prix qui se rapportent à l'état normal de tenue d'eau, d'alimentation, de chômage, etc., en un mot, à l'état vers lequel tendent les efforts de l'administration en France, mais qui n'est pas encore aujourd'hui réalisé par des causes qu'il serait trop long de déduire ici. Eh bien , au lieu de cela, nous prendrons pour le prix du transport par eau la moyenne des prix portés au tableau précédent, laissant ainsi toute leur influence aux imperfections des rivières et des canaux qui figurent dans ce tableau, et arrivant de cette façon à un résul-

(1) Renversement de 80 tonneaux sur l'allége	64 »
Loyer de l'Allége	180 »
Equipages	66 »
Mariniers de l'allége et nourriture	351 »
Economie sur les mariniers allant à Paris	36 »
Renversement	64 »
Total	761 »

tat trop élevé. Cette moyenne est de 0 fr. ,02952. Le prix du transport sur les canaux et les rivières en France est donc inférieur à *trois centimes* par tonne et par kilom., et nous admettons ce prix *trop élevé* comme terme général de comparaison.

Prix effectif du transport sur les chemins de fer.

Passons aux chemins de fer.

Rappelons d'abord que la commission des tarifs de Belgique trouve « *que le produit du transport des marchandises de roulage par convois spéciaux, couvre à peine les frais de ce service pour toutes les distances au-dessous de 50 kilomètres.* » (1) Or, nous avons vu que le produit moyen est en Belgique de près de 11 centimes par tonne et par kilom., les frais accessoires de chargement, de déchargement et de camionage non compris.

Dans le mémoire, d'ailleurs si remarquable par la clarté et l'ordre de ses déductions, qu'il a publié sous ce titre : « DU PRIX DES TRANSPORTS SUR LE CHEMIN DE FER DE LA BELGIQUE EN 1842 ET 1843. » M. l'ingénieur en chef Jullien arrive à cette conclusion « *que tous les frais annuels relatifs à la traction et à l'entretien du matériel, à l'exploitation proprement dite, à l'administration générale, à l'entretien et à la surveillance de la voie seraient couverts en faisant payer à peu de chose près :*

» *Par voyageur et par kilomètre*.............. $0^{f},025$

» *Par tonne de marchandise et par kilomètre*.... 0 ,060

Sauf à augmenter ensuite ces tarifs de manière à couvrir l'intérêt et l'amortissement du capital déboursé.

Remarquons que ce prix de 0fr.,06 par tonne de marchandise et par kilomètre ne comprend pas le chargement et le déchargement, qu'il ne contient pas non plus l'intérêt du matériel roulant, moteurs et véhicules, ni celui des constructions spéciales

(1) Compte rendu du 12 avril 1843, pag. 133.

affectées à ce matériel ; ni enfin l'intérêt des gares exclusivement destinées à la marchandise. En un mot, ce chiffre de 6 centimes ne représente qu'une partie des éléments qui composent le prix de 3 centimes trouvé ci-dessus, comme supérieur à celui qui est effectivement payé par le commerce pour le transport par eau; et pourtant tel qu'il est, le chiffre de 6 centimes, pour les dépenses effectives du transport de la marchandise par chemin de fer, est en contradiction si manifeste avec l'opinion de la commission des tarifs, qu'on en doit conclure que ce chiffre est beaucoup trop faible pour la *marchandise voyageant par convoi spécial*. Cela tient sans doute à l'égalité que M. Jullien a établie entre la *marchandise* et les *voyageurs* pour la répartition des frais autres que ceux du transport proprement dit. L'expérience du chemin de Rouen ne justifie pas, comme nous l'avons vu, ce procédé de répartition, qui paraît au premier abord le plus naturel.

Cherchons donc ici, comme pour les voies d'eau, les éléments exacts d'évaluation que peut fournir la pratique.

Nous avons vu que la dépense effective imposée au chemin de fer de Saint-Etienne à Lyon pour le transport d'une tonne de houille à 1 kilom. était de.................... 0f,0782.

Là-dedans se trouvent compris les frais de chargement et de déchargement; mais l'intérêt du matériel roulant et de ses constructions propres n'y figure pas ; et d'ailleurs par les motifs que nous avons expliqués, ce prix doit être fort au-dessous du prix moyen.

Sur le chemin d'Andrezieux à Roanne, le transport d'une tonne de houille à 1 kilom. coûte à la Compagnie, déduction faite des mêmes intérêts relatifs aux moteurs et aux véhicules.................................... 0f,093

La locomotion de la marchandise générale sur le même chemin revient sous les mêmes déductions à 0f,0993

Ces données ressortent, comme nous l'avons vu, des comptes rendus des deux Compagnies.

Sur le chemin de fer de Rouen, la descente ne forme qu'un cinquième au plus de la remonte. Le surcroît de frais qui en résulte pour le trafic général de la marchandise doit inviter la Compagnie à rapprocher le plus possible du prix de revient son tarif pour la descente, afin d'enlever ce qui reste au roulage et à la navigation des marchandises en contre-voitures vers Rouen. Or, la Compagnie du chemin de fer a taxé les marchandises de la 3e série, à la descente, au prix par tonne et par kilomètre de.. 0f,09

En dehors duquel il faut prendre les frais de chargement et de déchargement.

En présence de pareils faits, nous pouvons nous abstenir de composer laborieusement dans tous ses éléments, et sur des données plus ou moins hypothétiques, le prix effectif total du transport de la marchandise par chemin de fer, et nous sommes autorisés à dire que *ce transport doit être compté au* MINIMUM *par tonne et par kilomètre à*........................ 0f,09

En y comprenant tout ce qui figure dans le prix trouvé ci-dessus, pour les voies de navigation, savoir :

Le loyer du moteur, celui des véhicules, la traction, le chargement, le déchargement et les frais propres de surveillance et d'administration; mais aussi sans y faire figurer aucun intérêt pour la voie de fer et pour la construction en général, pas plus qu'aucune rémunération relative à la spéculation même de la concession.

Economie due à l'emploi des voies navigables.

Ainsi donc :

Sur les chemins de fer........................ 9 c.

Sur les canaux et rivières........................ 3 .

Voilà les termes réels d'une comparaison sérieuse et concluante; et les voies navigables offrent dès lors, dans le coût effectif du transport (tout péage mis à part), une économie sur les chemins de fer qui est par tonne et par kilom. de........................ 6 c.

Cette économie est d'ailleurs un *minimum* par les raisons que nous avons dites, et par d'autres que nous devons au moins indiquer.

Autres avantages offerts par les voies navigables.

Nous avons parlé de ces *jours de planche* accordés par tout batelier au destinataire d'un chargement sur bateau pour prendre livraison de la marchandise. Ce temps pendant lequel le bateau reste à la disposition du réceptionnaire est une facilité énorme donnée au commerce. Il n'est jamais au-dessous de cinq jours, et pour certaines marchandises et certaines lignes de navigation il est de quinze jours. L'augmentation de frais qui en résulte pour le batelier se trouve comprise dans le fret total.

Le bateau qui apporte un chargement à un négociant est donc pour lui un magasin temporaire, dont il profite pour placer sa marchandise avant même l'expiration *des jours de planche*, ou bien pour faciliter son entrée dans ses propres magasins. Dans le premier cas le négociant livre au bateau même et sans aucune manutention intermédiaire ; dans le second il a le temps de se retourner et de faire les dispositions qu'exige l'emmagasinage d'un volumineux envoi.

Cet avantage est très-grand surtout pour certaines classes de marchandises. Nous citerons les vins par exemple, qui exigent à l'arrivée beaucoup d'espace, et en même temps des soins particuliers, et qui d'ailleurs par suite des préoccupations, fondées ou non, qui s'attachent à ce genre de commerce, se vendraient en général mieux, pris sur le bateau que dans la cave.

La Compagnie de Rouen a compris qu'il y avait là pour les voies navigables une grande cause de préférence. Elle vient à leur imitation d'accorder *huit jours de planche* pour les vins expédiés par son chemin de fer. Cette concession est importante et le trafic de la Compagnie en ressentira sans doute de bons effets. Mais elle reste encore bien loin de la pratique de la navigation. Car il n'y a aucune espèce de marchandise qui soit exclue de la disposition complète du bateau pendant *les jours de planche*, tandis que sur le chemin de fer, il est perçu 2 fr. par tonne pour tout colis, qui n'est pas enlevé de la gare dans les 24 heures de l'arrivée ; ou bien la marchandise est grevée de frais particuliers d'emmagasinage.

Il résulte de là qu'il s'établit forcément entre le chemin de fer et le destinataire un intermédiaire coûteux, parce que le destinataire ne peut pas toujours être prêt à opérer immédiatement et sans aucun délai le camionage de ses colis de la gare du chemin de fer à ses magasins; non pas que nous prétendions que le camionage est supprimé par la voie d'eau ; mais nous disons qu'il est seulement réduit par les livraisons faites au bateau, au consommateur ou au marchand de seconde main ; et que la charge s'en trouve atténuée parce que le temps laissé au destinataire pour l'enlèvement de sa marchandise lui permet de l'effectuer par ses propres moyens, et parce qu'aussi les grands dépôts particuliers et les magasins en gros enveloppent en général les ports et bassins, et présentent à cet égard des facilités qu'il serait très-difficile et qu'il sera toujours extrêmement coûteux de réaliser au même degré au pourtour des stations des chemins de fer.

Au reste nous ne pouvons mieux résumer ces indications de la pratique qu'en citant l'extrait d'une lettre que nous recevions le 12 septembre dernier de *MM. Lombard aîné et fils, marchands de bois à Paris,* dont l'expérience a bien voulu nous venir en aide. Voici ce que nous écrivait entre autres précieux renseignements MM. Lombard :

« Nous vendons tant à Paris que dans la Banlieue une très-
» grande quantité de bois de sapin provenant du nord de
» l'Europe. Ces bois nous parviennent par les ports de Havre,
» Honfleur, Calais et Dunkerque. Notre intérêt nous commande
» de chercher les voies de transport les plus économiques.
» Depuis Rouen à la Villette, par les bateaux normands le trans-
» port de nos bois coûte 12 fr.,50 du tonneau. Le tarif du che-

» min de fer pour la dernière classe est de 15 fr.,» » ; mais le Di-
» recteur, dans le but de s'attirer nos affaires, consentit au
» prix de 12 fr. *Nous avons fait l'essai sur 150 tonneaux de*
» *madriers en dimensions d'un maniement facile, et nous avons*
» *reconnu que nous ne pouvions donner suite à cette voie d'ex-*
» *pédition. Les frais de port à l'embarcadère de Rouen, ceux*
» *du débarcadère des Batignoles à notre chantier de la Vi-*
» *lette nous ont coûté 3 fr. par tonneau. En outre pour des*
» *quantités importantes il résulte un encombrement et néces-*
» *sité d'enlever en hâte, ce qui cause un grand désordre.* La
» voie la plus économique, et à laquelle nous donnons la
» préférence, est celle des canaux du nord. Nous payons de
» Dunkerque et de Calais à la Villette 20 fr. du tonneau et
» nos bateaux arrivent en 25 jours.

Disons encore à ce sujet que pour les expéditions non pressées, le commerce ne verrait pas de grands inconvénients à la durée des voyages par eau, pourvu qu'elle fût régulière et qu'elle ne dépassât pas une certaine limite. Sur quelques lignes, il faut en convenir, ces voyages sont d'une longueur excessive, et surtout d'une irrégularité qui gêne les transactions. Voilà ce qu'il faut changer et ce qu'on changera forcément. Mais on sait assez que tous les marchés ne se concluent pas sous la condition d'une remise immédiate de la marchandise, que les livraisons sont réglées par des termes fixes ; et si le négociant a la certitude de livrer à l'époque dite, il vaut mieux pour lui que la marchandise attende le terme dans *ce magasin mobile* qu'on appelle *un bateau*, plutôt que d'en encombrer ses propres magasins ou ceux de l'expéditeur. Ce qu'on a considéré sur ce point, comme des inconvénients à la charge des voies navigables, peut donc se changer en véritables avantages.

CHAPITRE IV.

DE L'IMPUISSANCE MATÉRIELLE DES CHEMINS DE FER, A SE SUBSTITUER AUX VOIES NAVIGABLES.

Pour comprendre la portée de ce titre, recourons encore à la Belgique, à qui nous devons déjà tant et de si précieux renseignements. Le halage du canal de Charleroy à Bruxelles, qui se fait par entreprise, d'après un marché dont nous avons fait connaître les bases dans le chapitre précédent, a présenté une difficulté. Le mouvement de la navigation n'étant pas également réparti sur l'année entière, les moyens de halage manquaient à l'entrepreneur dans les moments de la plus grande activité, et il ne pouvait se les procurer qu'à des conditions onéreuses. Sur ses réclamations, il obtint un arrêté royal, en date du 3 avril 1841, portant :

« Article 1er. Dans les moments de grande activité de navi-« gation, c'est-à-dire, lorsque, par périodes de dix jours con-« sécutifs, le nombre des bateaux qui auront passé en des-« cente à la 54e écluse du canal de Charleroy, s'élèvera, en « moyenne, à plus de 18 bateaux par jour; il sera accordé aux « entrepreneurs de halage, pour chaque bateau excédant la « moyenne qui vient d'être fixée, une prime de 1 fr. par relais de « halage. »

Un arrêté du 13 septembre 1844 a étendu la mesure à la nouvelle entreprise du halage ; mais, avec cette restriction que « la prime de 1fr. ne sera acquise à l'entrepreneur que lors- « que, par périodes de dix jours consécutifs, le nombre des « bateaux qui auront passé en descente à la 54e écluse s'élè- « vera, en moyenne, à plus de 20 bateaux par jour. »

« La prime sera acquittée pour chaque bateau excédant la « moyenne fixée. »

Ainsi, le service du canal de Charleroy excède, pendant des périodes de 10 jours consécutifs, un mouvement de vingt bateaux par jour ou de 1,400 tonneaux! ou plutôt le mouvement moyen du canal, déduit de son tonnage total, étant de 1,600 tonnes par jour, l'arrêté royal du 13 septembre prouve que ce mouvement tombe pendant une grande partie de l'année à 1,400 tonnes et au-dessous, et que par conséquent il doit s'élever de 1,800 à 2,000 tonnes aux époques de grande activité.

Nous admettons que la substitution complète du chemin de fer au canal régulariserait cet état de choses dont les inégalités tiennent en partie aux glaces et aux chômages; mais toujours est-il que cette substitution obligerait le chemin de fer à fournir à une circulation de 1,400 tonnes par jour, pour la descente seulement, et indépendamment de son mouvement propre actuel en voyageurs, en messageries et en marchandises; c'est-à-dire que, pour faire ce service complet du canal de Charleroy, il faudrait que le chemin de fer augmentât de 28 convois par jour, 14 en descente et 14 en remonte, son service actuel, qui est de huit convois pendant l'hiver et de dix pendant l'été, et qu'il se constituât par conséquent pour un mouvement journalier de 36 à 38 convois! Le pourra-t-il ?

Le chemin de fer qui relie aujourd'hui entr'elles les villes de Valenciennes, de Charleroy, de Namur et de Bruxelles pourrait-il faire entrer dans son mouvement propre celui des voies navigables, qui unissent aussi les mêmes villes, et s'approprier par exemple, outre le tonnage du canal de Charleroy, celui de la Sambre canalisée et du canal de Mons à Condé ?

Penserait-on sérieusement qu'on pût diriger par le chemin

de fer, et au travers de la station centrale de Mâlines, les 8 à 900,000 tonnes qui circulent aujourd'hui sur les canaux de Bruxelles et de Louvain au Ruppel ?

De ces questions, on n'en trouve pas trace dans les discussions, dont nous tâchons ici de relever les erreurs pour les écarter, et de rassembler les véritables, les utiles éléments. Il semble, à entendre les partisans exaltés des chemins de fer, que leur puissance ne connaît pas de limite, qu'on peut lancer sur leurs voies un nombre indéfini de trains, et qu'en un mot il leur est loisible d'accepter tous les transports qui peuvent se présenter, quelle qu'en soit la masse.

Aussi, voit-on revenir à chaque instant ces effrayants pronostics « *la navigation périra; le canal sera anéanti.* » Eh ! sans doute, la navigation périra, si, par une concurrence inconsidérée, vous forcez le marinier à transporter à perte, parce qu'enfin la voie d'eau, malgré son énorme puissance, n'est pas tout, il lui faut un matériel et un personnel de transport, et par conséquent, il faut qu'elle puisse offrir une légitime rémunération des avances qu'elle réclame et du travail qu'elle impose. Mais, quand la navigation aura péri, le chemin de fer fera-t-il son service ? Voilà ce dont on paraît n'avoir pris aucun souci, et pourtant il y avait là matière à réflexion.

Le chemin de fer de Rouen et le tonnage de la Seine.

Expliquons-nous encore par un exemple. La marine de la Seine souffre considérablement aujourd'hui de la concurrence du chemin de fer de Rouen. Supposons que cet état de souffrance continue, et qu'une année de sécheresse vienne l'aggraver. Nous avons vu l'influence que la hauteur des eaux exerce sur la dépense effective des transports par le fleuve. Les pertes peuvent alors être telles que la batellerie, minée par une longue lutte, ne puisse plus résister; admettons qu'elle succombe. Le chemin de fer règnera en maître. Mais s'il a supprimé de fait les transports par eau, il faudra bien qu'il fasse lui-même le service de la navigation.

Les bateaux *montant de Rouen vers Paris* ont porté, en 1843, 351,299 tonneaux de marchandises, mais d'après l'examen que nous avons présenté des comptes rendus de la Compagnie de Rouen, le chemin de fer se serait approprié sur ce tonnage pendant le semestre d'été de 1844, 13,651 tonneaux; on peut donc admettre que, pour faire le service complet de la Seine, le chemin de fer aurait à ajouter à son service actuel au moins 325,000 tonnes, en ne considérant que la remonte de Rouen vers Paris. Ce serait déjà près de 900 tonnes par jour; et ce n'est pas tout! La suppression de la navigation de la Seine réagirait nécessairement sur la navigation de l'Oise, et il faudrait bien que le chemin de fer se chargeât à Pontoise de quelque chose des 650,000 tonnes qui descendent l'Oise pour se diriger sur Paris. On reconnaîtra aussi que le chemin de fer ne pourrait pas avoir la faculté de répartir d'une manière égale, sur tous les jours de l'année, son nouveau service de marchandises. Il faudrait bien qu'il se conformât aux besoins du commerce, et qu'il subît surtout les intermittences forcées des arrivages au Hâvre. Ainsi, le service du chemin de Rouen devrait se monter sur un accroissement de tonnage en remonte présentant un mouvement journalier de 1,000 à 1,200 tonnes, exigeant par conséquent au moins 10 convois en remonte et autant en descente, en tout........................ 20 convois

Il en a maintenant dans la saison d'été........ 18

Total........ 38 convois

Enfin, le chemin de Rouen ne peut pas être considéré comme complet aujourd'hui. Il recevra de ses appendices nécessaires un surcroît d'activité et l'obligation de satisfaire à de nouveaux besoins. Il est raisonnable de penser que l'achèvement du chemin du Hâvre, la construction du chemin de Dieppe, celle des embranchements de Louviers et d'Elbœuf et des prolongements qu'ils peuvent recevoir, forcera la Compagnie de Rouen à ajouter encore au moins deux convois par jour à son service actuel. L'absorption de la navigation par le chemin de fer conduit donc à cette conséquence qu'il faut que la Compagnie de Rouen arrive à donner passage à 40 convois par jour sur son rail-way. Eh bien, cela ne nous paraît possible qu'à une seule condition; c'est que la Compagnie doublera le nombre de ses voies; et qu'elle construira ainsi un second chemin de fer à côté de celui qu'elle possède déjà. Ce qui serait aussi absurde au point de vue de la spéculation qu'à celui de l'économie publique.

Ici revient, comme on le voit, cette inquiétude que nous avons manifestée sur les suites de la lutte engagée par le chemin de fer contre la Seine. La Compagnie de Rouen n'aura évidemment raison du bas prix du fleuve que par ses intelligences avec les entreprises de navigation. Si son intérêt lui commande de dominer les prix, il faut qu'elle joigne à son privilége du chemin de fer, une prépondérance réelle, une sorte de suprématie sur les transports par eau.

Toujours est-il qu'il y a impossibilité matérielle pour le chemin de fer à s'approprier le service de la batellerie ; il faut donc que celle-ci vive, puisque rien ne peut la remplacer; et il y a dès lors nécessité absolue de la sortir de l'état précaire où elle languit aujourd'hui, et de lui assurer des moyens efficaces de résistance et de durée.

Appréciation fautive du tonnage

On a pris l'habitude d'évaluer d'une manière très-fautive l'activité de la circulation sur les chemins de fer. Pour les voyageurs, comme pour les marchandises, on compte par unité transportée, sans s'enquérir de l'espace qui est parcouru par chacune d'elles, et qui constitue l'un des facteurs du travail produit. Si, par exemple, à chacune de ses stations, un convoi dépose les 50 tonnes qu'il porte, pour en reprendre 50 autres, ce convoi, qui n'aura porté en définitive sur la distance entière que 50 tonnes, figurera pour 500 dans le relevé du tonnage, s'il a passé par 10 stations. Or, cette pratique se reproduit, sinon dans les termes que nous venons de poser, du moins d'après des procédés analogues pour leurs résultats, sur tous les chemins de fer, et voilà d'où viennent en partie les idées exagérées qu'on se fait de leur puissance.

Le plus chargé des chemins houillers de l'Angleterre.

De tous les chemins de fer anglais, celui qui offre le tonnage le plus élevé est le chemin de Hartlepool, qui verse dans le port de ce nom les houilles du comté de Durham. Il figure pour 735,128 tonneaux dans la statistique publiée à la suite de l'enquête parlementaire de 1844. Il n'y a pas un seul chemin de fer qui présente un pareil chiffre de transport. Mais aussi, le chemin de Hartlepool, qui n'a que 24 kilomètres de longueur totale, ne donne qu'une recette brute de moins de 70 centimes par tonne, ce qui est la preuve d'un parcours moyen d'une très-petite étendue. Il ne transporte d'ailleurs que 93,000 voyageurs, dont la recette brute, par tête, n'est que de 98 centimes, terme moyen. (1)

Tonnage des Rails-Ways anglais à grand trafic.

Parmi les rails-ways anglais *à grand trafic*, il n'y en a pas un seul qui ait un tonnage en marchandises aussi élevé que celui de North-Midland. Il a transporté en 1842, d'après la statistique officielle, 314,003 tonnes ; mais la recette brute par tonne a été 5 fr. 77.

Si on le compare au chemin de Londres et Birmingham, on trouve pour celui-ci un tonnage de 147,188 tonnes seulement; mais aussi la recette brute par tonne s'est élevée à 25 fr. 45. C'est moins de moitié que le North-Midland pour le chiffre du tonnage, mais c'est le quintuple pour la recette par tonne. Or, celle-ci croît nécessairement en proportion de l'espace parcouru ; et si elle varie avec les tarifs, ceux-ci ne comportent évidemment pas, en passant d'un chemin à l'autre, des différences du simple au quintuple. Le service du North-Midland

(1) Voir la pièce justificative n° 18.

est donc fractionné pour la marchandise, et s'il paraît avec un tonnage énorme dans les relevés officiels, c'est qu'il ne transporte qu'à de petites distances les colis qui lui sont confiés.

Pour les voyageurs, même observation : le chemin de North-Midland en a transporté en 1842, 893,259, qui ont produit par tête une recette brute de 3 fr. 44. Celui de Londres et Birmingham ne compte, pour la même année, que 780,371 voyageurs, mais aussi la recette par tête s'élève à 17 fr. 54.

Le travail utile du chemin de Londres et Birmingham dépasse aussi de beaucoup celui du chemin de Liverpool et Manchester, qui a un tonnage de 261,577 ton., et un nombre de 648,683 voyageurs, avec des recettes brutes par unité de 7 fr. 77 pour la marchandise et de 4 fr. 34 pour les voyageurs.

Il dépasse aussi le travail dû Manchester et Leeds, dont les 230,157 tonnes ne produisent par tonne que 10 fr. 24, et dont les voyageurs, au nombre de 1,148,431, ne donnent par tête, en moyenne que 3 fr. 71 !

Les chemins de Great-Western, de Grand-Jonction, de Londres et de Southwestern ne transportent respectivement que 108,358; 122,910; 55,358 tonnes de marchandises, mais aussi les produits bruts par tonne s'élèvent pour chacun de ces chemins à 23 fr. 43, 19 fr. 62 et 25 fr. 53, qui correspondent à des parcours plus étendus que ceux qu'on déduit des produits par tonne des chemins de Manchester et Leeds, Liverpool et Manchester et North-Midland.

Ce sont pourtant là les plus chargés de tous les rails-ways du royaume uni ; ce sont ceux qui donnent les produits les plus considérables, et qui par conséquent permettraient d'obtenir les indications les plus précises sur cette puissance de locomotion des chemins de fer, qu'on voudrait faire passer comme indéfinie et partant comme irrésistible.

Les chiffres de tonnage donnés pour les principaux rails-ways de l'Angleterre n'ont certes rien d'inouï ou de fabuleux, comme on aurait pu s'y attendre à l'éclat des prétentions envahissantes des chemins de fer. Eh quoi, il s'agit de l'Angleterre ! il s'agit de cette immense ruche où l'activité industrielle bouillonne incessamment ! Il s'agit de Londres, la plus populeuse capitale du globe, il s'agit de Birmingham, l'une des villes manufacturières auxquelles le monde entier paye le plus de tributs ; et le chemin de fer qui unit Londres à Birmingham, transporte 147,188 tonnes ; les 2/3 du tonnage de notre canal du Rhône au Rhin ; moins des 3/4 de celui du canal de Bourgogne et de celui de la Loire entre Nantes et Orléans, et, tout au plus, l'équivalent du tonnage du canal du Berry.

Limite de la puissance des chemins de fer à grand trafic, pour le service de la grosse marchandise.

Qu'est-ce qui comprime donc l'essor du chemin de fer de Londres à Birmingham ? Serait-ce seulement la concurrence des canaux parallèles, malgré leurs détours et leur surplus de longueur (1), ou bien ne serait-ce pas aussi qu'il y a une limite assignée à l'activité propre du chemin de fer ? Et en effet, en examinant les résultats de la statistique officielle pour les principaux rail-ways anglais, on voit qu'à tout accroissement dans la quantité numérique des objets transportés, correspond une diminution dans la distance moyenne parcourue, de telle sorte que l'effet utile total se présente réellement comme un produit qui a une limite déterminée dans laquelle il est ramené par l'un de ses facteurs, toutes les fois que l'autre tend à l'en faire sortir.

Voilà les résultats de l'expérience pour les chemins de fer les plus actifs de l'Angleterre et pour ceux par conséquent qui auraient dû réaliser au plus haut point les espérances des partisans

(1) Le chemin de fer de Londres à Birmingham a une longueur de 181 kilomètres.

Les canaux qui unissent les deux villes offrent ensemble un parcours de 231 kilomètres.

Et ils exigent de plus le passage de 160 écluses.

les plus passionnés de leur prépondérance universelle; car enfin les objets de transport abondent en Angleterre, et la vitesse des convois, plus considérable que partout ailleurs en Europe, y est portée à 40 kilomètres par heure pour les voyageurs et à 32 kilomètres pour les marchandises, repos aux stations compris.

Les chemins de fer, par les résultats merveilleux qu'ils ont déjà réalisés, par leur avenir immense et leur légitime et salutaire influence sur les progrès de la civilisation, devaient agir vivement sur l'imagination. Mais dans l'appréciation de leurs conséquences actuelles ou futures, celle-ci est restée un peu trop la maîtresse du terrain; et de là ces espérances irréfléchies et exagérées qu'on voit s'évanouir en pénétrant un peu plus dans la nature des choses.

Ainsi, quoi de plus propre à faire sur l'esprit une profonde impression, qu'un de ces énormes convois de marchandises, occupant avec sa locomotive et ses 25 ou 30 waggons près de 140 mètres de longueur sur la voie qu'il parcourt, et s'avançant avec une vitesse inconnue aux voitures les plus légères et les plus rapides de nos routes de terre? Il y a dans cet appareil formidable, dans son bruit sourd et saccadé, dans les soufflements périodiques du moteur, quelque chose qui entraîne l'imagination et qui lui inspire un profond dédain pour le malheureux cheval, cheminant péniblement le long d'un canal, en tirant le bateau qui le suit en silence. Et pourtant la locomotive et le cheval de halage ont fait un service semblable; ils ont l'un et l'autre transporté de 100 à 120 tonneaux; le cheval avec moins de vitesse, mais aussi avec beaucoup plus d'économie que la locomotive.

Enfin, derrière ce premier bateau on peut en faire partir un second, puis un troisième, et puis un nombre quelconque, car pour les canaux bien pourvus d'eau, il est bien rare que l'activité de la circulation atteigne jamais la limite de l'alimentation. Les canaux de Belgique, avec leur immense tonnage, en sont la preuve. D'ailleurs, ces bateaux se croisent, se déplacent, s'arrêtent sans inconvénient sensible et surtout sans danger.

Sur les chemins de fer au contraire, les convois qui marchent dans le même sens, sont invariablement attachés à la même voie, qui reçoit les trains voyageurs et ceux de marchandises. Les premiers conduits à une plus grande vitesse ne peuvent dépasser les seconds qu'à des points déterminés. Les convois de marchandises occupant plus longtemps la voie, deviennent pour la circulation des voyageurs une véritable entrave s'ils se multiplient; et réciproquement, une grande activité dans le mouvement des personnes est un obstacle au développement des expéditions de marchandises. En un mot, les chemins de fer ont à remplir des conditions rigoureuses, que les nécessités de l'entretien et celles de la police et de la surveillance viennent encore aggraver, et qui imposent à leur activité, surtout pour le transport des marchandises par convois spéciaux, des bornes inconnues au trafic des canaux et des rivières.

Chances de perfectionnement pour les chemins de fer et les canaux.

Restent donc aux chemins de fer les chances de perfectionnement qu'ils possèdent et qui peuvent ajouter à leur puissance actuelle. Ici encore il y a une méprise à éviter. L'invention du chemin de fer porte sur deux objets distincts : c'est d'abord la voie de fer, le rail; c'est ensuite l'application de la vapeur à la locomotion.

Comparé à la route de terre le rail est un immense progrès, puisqu'il a réduit le tirage dans un rapport inespéré. Le rail n'est pas un progrès comparé au canal, puisque l'effort de traction sur celui-ci reste fort inférieur au même effort sur le chemin de fer.

Quant à l'application de la vapeur à la locomotion, l'emploi du bateau à vapeur a précédé celui de la locomotive. Il est vrai que le bateau à vapeur n'a pas encore pénétré sur les canaux;

mais sur les fleuves et les rivières il est évidemment en progrès. Sur la Loire, le remorquage à la vapeur ne connaît presque plus de chômage. Il lui suffit d'une hauteur d'eau de 45 centimètres dans le chenal pour maintenir son service entre Nantes et Orléans. De nouvelles entreprises de remorquage sur le Rhône et sur le Rhin promettent une régularité et une économie de transport, qui prouvent que si la machine à vapeur n'a pas encore dit son dernier mot pour les chemins de fer, elle ne l'a pas dit non plus pour la navigation.

Sur les canaux, des procédés très-simples et tout à fait indépendants du changement de moteur, peuvent réduire encore la traction déjà si faible qu'ils exigent. Ils consisteront surtout dans les modifications à apporter dans la forme, dans les dimensions et dans le poids propre des bateaux. L'expérience des bateaux rapides a montré quelles améliorations on peut espérer de ce côté, non pas que les canaux nous semblent devoir rechercher la grande vitesse, que les chemins de fer sont particulièrement destinés à réaliser; mais ils doivent tendre à une nouvelle réduction dans la résistance au tirage, à une allure un peu plus vive et à une complète régularité.

Et après tout, est-ce que la vapeur aurait des préférences et des exclusions qui la rendraient incompatible avec le service des canaux? Cela tiendrait en vérité du caprice, car rien ne serait moins motivé. Sans parler du remorquage dans le lit même du canal, qu'on parviendrait certainement à installer de façon à ne pas corroder les berges comme le font les roues des pyroscaphes ordinaires; on peut affirmer que quelques-unes des inventions nouvelles dont on s'est promis des merveilles sur les chemins de fer, seraient plus facilement et plus directement applicables aux canaux. Nous citerons entre autres le système atmosphérique. Quelle que soit l'idée qu'on se forme de son succès, très-contesté pour le service des grandes lignes, il ne paraît pas possible de mettre en doute que son application à la traction des bateaux, sur les rivières et sur les biefs des canaux d'une longueur suffisante, ne rencontrerait aucune difficulté sérieuse. Il y a plus, le courant des rivières, et, dans quelques cas, le jeu même de l'alimentation des canaux fourniraient une force suffisante et souvent gratuite pour effectuer et maintenir la propulsion.

Toutefois, l'emploi de moyens énergiques de traction sur les canaux n'aura jamais un grand intérêt, par ce motif que la traction y est déjà tombée à un si bas prix et peut encore s'y réduire tellement par de simples modifications au matériel actuel, qu'il n'y a vraiment pas d'avantages sensibles à réaliser de ce côté. Ainsi, tandis que les efforts des chemins de fer tendent à accroître la puissance des moteurs qu'ils emploient, l'attention pour les voies navigables doit plus particulièrement se porter sur les améliorations que réclament les canaux dans la régularité de leur alimentation et de leur tenue d'eau, et les rivières dans la hauteur du mouillage combinée avec une égale répartition des pentes. Il y a là une source d'immenses bénéfices à recueillir de travaux dont l'efficacité est certaine, et dont les résultats seraient immédiats.

Toujours est-il qu'il y a au moins autant de progrès à attendre des canaux que des chemins de fer, et que les premiers conserveront toujours pour le transport de la grosse marchandise des avantages d'économie, et des avantages plus saillants encore de puissance, qui laissent bien loin d'eux tout ce qu'il est raisonnablement permis d'espérer des seconds!

CHAPITRE V.

DE LA COMPRESSION QUE LA PRÉDOMINANCE EXCLUSIVE DES CHEMINS DE FER EXERCERAIT SUR LE DÉVELOPPEMENT DE LA PRODUCTION INDUSTRIELLE ET AGRICOLE.

On a dit : « Les chemins de fer sont propres à tous les » transports ; consultez plutôt les relevés de leur mouvement » et vous y trouverez la houille, les moellons, le fumier, etc.;» le fait est exact; mais on prétend en conclure que les chemins de fer peuvent rendre les mêmes services que les canaux ! Evidemment la conclusion ne vaut rien, et la preuve, c'est qu'elle s'appliquerait également aux routes de terre qui se prêtent parfaitement à tous les genres de transports, sur lesquelles circulent, même parallèlement aux canaux, de la houille, des moellons et du fumier et qui, à coup sûr, ne sont pas capables de remplacer les voies navigables.

Pour les chemins de fer, c'est d'abord *la puissance* qui leur manque, et nous avons mis ce fait hors de doute dans le chapitre précédent. Nous avons fait voir que leur activité a une limite qu'elle ne saurait franchir, et qui est d'autant plus resserrée pour la marchandise que le mouvement des voyageurs est lui-même plus considérable. Nous avons montré que sur les lignes de fer les plus productives de la Grande-Bretagne, une augmentation dans la quantité numérique des tonnes transportées correspondait toujours à une diminution plus considérable dans l'espace parcouru, et finalement à une réduction dans l'effet utile total. Nous avons fait comprendre enfin qu'il était matériellement impossible de demander aux chemins de fer de Belgique le service des voies navigables contiguës; ainsi, aux chemins de Valenciennes et de Namur à Bruxelles, le service de la Sambre et des canaux de Mons et de Charleroy; aux chemins de Louvain et de Bruxelles à Anvers, le service des canaux et rivières qui rattachent entre elles ces trois villes; de même qu'il serait impossible que le chemin de Rouen remplaçât la Seine et que le chemin d'Orléans à Nantes fît le service de la Loire.

Supposé donc que les chemins de fer aient précédé les canaux, que depuis 60 ans l'Angleterre et la Belgique se soient couvertes d'un réseau de rails-ways et que les canaux en soient aujourd'hui où en sont les chemins de fer, c'est-à-dire à leurs débuts; il est évident que les conditions de l'industrie seraient tout autres que ce qu'elles sont, et que l'état présent de la production serait amoindri de toute la différence qui existe entre les facultés du chemin de fer et celles du canal.

Ainsi, sans parler de la dépense première, plus grande pour le chemin de fer que pour les canaux; sans parler des frais de transport plus considérables sur les premiers que sur les seconds, les chemins de fer, substitués aux canaux, auraient imposé à la production la limite même de leur propre puissance; et ils auraient par conséquent arrêté le mouvement industriel, fort en deça du point où il est maintenant parvenu. Ou plutôt l'exécution même des chemins de fer, au degré où nous la concevons aujourd'hui, était impossible sans l'immense développement qu'ont pris l'exploitation du charbon minéral, la production du fer et toute l'activité industrielle qui en est la conséquence; or ce sont là les résultats des canaux. Ce sont les richesses qu'ils ont mises en valeur, ce sont les énormes capitaux qu'ils ont créés, qui rendent aujourd'hui possible la création d'un vaste réseau de chemins de fer. Mais les chemins de fer, sans les canaux, eussent été un obstacle à leur propre développement, dans la prodigieuse mesure que l'Etat actuel de l'industrie, et que l'abondance des capitaux lui assignent.

Cette considération est décisive. L'insuffisance constatée des chemins de fer à reproduire par eux-mêmes et sur leurs voies, le mouvement total des canaux et rivières parallèles, tout en maintenant et développant leur service propre, est une preuve sans réplique, qu'il faut non-seulement conserver et améliorer les voies de navigation existantes, mais encore en étendre le réseau et le faire pénétrer partout où les éléments de productions abondent, et réclament les moyens de transport les plus puissants et les plus économiques.

Sous ce dernier rapport nous avons vu que les voies navigables offraient dans le coût effectif du transport, *tout péage à part*, une économie sur les chemins de fer de 6 *centimes* au moins par tonne et par kilom. C'est là une différence énorme, même quand on la considère isolément ; mais qu'est-ce donc lorsqu'on en suit l'influence dans les opérations industrielles ?

Prenons par exemple l'industrie du fer. Elle mérite de fixer particulièrement l'attention à cause de son importance et surtout parce que l'abondance de ses produits est un des signes certains et l'un des stimulants d'une grande activité pour toutes les autres branches de la production.

La situation de cette industrie nous est d'ailleurs fournie par un document authentique du plus haut intérêt, c'est le compte rendu des travaux des ingénieurs des mines. Celui de ces comptes qui a été publié en 1844, présente les opérations de l'année 1842 ; nous y voyons que pour cette année l'extraction des minerais, leur préparation et leur transport jusqu'aux ateliers de fusion, ont produit une valeur totale de.................................. 15,298,970 fr.

Les frais de transport entrent dans cette valeur pour 6,918,109 fr., et par conséquent pour 45[100. A ce sujet, le compte rendu s'exprime ainsi :

« Les minerais rendus aux usines valent moyennement 1 fr. » 52c; si l'on fait abstraction des frais de transport, la portion » de cette valeur qui représente les redevances payées, soit à » l'Etat, soit aux propriétaires des minières, les frais d'extrac- » tion de lavage et de grillage se réduit à 0 f, 72 c. »

« Ce chiffre prouve que le sol de la France est éminemment » propre à la production des minerais de fer, *et que le progrès* » *des forges y dépend en grande partie du perfectionnement* » *des moyens de communication.* »

La production de la fonte a été en 1842 de 3,994,557 quintaux métriques. Elle a absorbé :

Minerai..............	10,983,982	quintaux métriques.
Vieilles fontes, scories d'affinerie...............	169,447	—
Charbon de bois......	4,104,315	—
Bois (1)............	912,762	—
Coke................	1,705,917	—
Houille..............	523,311	—
En tout............	18,399,734	quintaux métriques.

Ainsi dans l'état de la production correspondant à 1842, chaque tonne de fonte fabriquée employait, terme moyen, 4 tonnes 6/10 de matières premières, savoir :

2 Tonnes 8/10 de minerai et vieilles fontes.

1 — 8/10 de combustible.

Si de là nous passons à la fabrication du gros fer, nous trou-

(1) Le compte rendu porte 152,127 stères de bois ; nous avons ramené ce chiffre au quintal métrique en supposant un poids de 6 quintaux par stère.

vons qu'elle s'est élevée en 1842 à 2,848,238 quintaux métriques, qui ont employé :

Minerai..............	305,134	quintaux métriques.
Fonte et ferraille.......	3,655,122	—
Charbon de bois.......	1,840,335	—
Bois	28,848	—
Coke................	275,375	—
Houille..............	3,081,454	—
Tourbe (1)...........	15,953	—
Total..............	9,202,221	quintaux métriques.

La consommation par tonne de gros fer fabriqué en 1842 a donc été de :

0, 11 tonnes de minerai.
1, 28 — de fonte et ferraille.
1, 84 — de combustible.
3, 23

En tenant compte de la consommation de la fonte en matières premières :

3, 69 tonnes de minerai.
4, 14 — de combustible.
7, 83

Resterait à suivre les diverses élaborations du fer et de la fonte pour se rendre compte de l'influence que peut avoir sur chaque objet fabriqué, la quantité de matière première consommée ou absorbée dans ses diverses transformations. Nous prendrons seulement deux de ces élaborations, ce seront la tôlerie pour le fer, et le moulage de 2e fusion pour la fonte.

La production de 1842 en fonte moulée de 2e fusion est de 693,697 quintaux métriques, qui ont consommé :

(1) 3,939 stères de tourbe à 405 kilogr. par stère.

Fonte brute	736,784	quintaux métriques.
Charbon de bois	2,528	—
Bois.	1,536	—
Coke	220,696	—
Houille	71,293	—
Total	1,032,837	quintaux métriques.

L'élaboration de la fonte de 2e fusion absorbe donc par tonne produite :

1, 05 tonne de fonte brute.
0, 43 —. de combustible.
1, 48

Ou bien :

2, 97 Tonne de minerai.
2, 34 — de combustible.
5, 31

Quant à la tôlerie, la fabrication de 1842 s'est élevée à 292,492 quintaux métriques, ayant employé :

Gros fer	329,166	quintaux métriques.
Bois	5,970	—
Houille	335,926	—
Total	671,062	quintaux métriques.

Et représentant en définitive une consommation de :

1, 12 tonnes de gros fer.
1, 17 — de combustible.
2, 29

Ou, à cause de la consommation propre du gros fer :

4, 12 tonnes de minerai.
5, 81 — de combustible.
9, 93

Nous pourrions pousser plus loin ces décompositions des divers produits que la grande industrie du fer présente dans les différentes phases de ses nombreuses fabrications, et il est évident qu'à mesure que nous nous élèverions à des produits plus compliqués et exigeant des manipulations plus multipliées, nous verrions s'accroître cette déperdition de matières premières, et les masses s'amoindrir en raison du travail auquel elles ont été successivement soumises. Cela est conçu par tout le monde, mais il est bon, pour la question spéciale qui nous occupe, que cela soit précisé par quelques chiffres.

Eh bien donc, une tonne de fonte brute, qui circule actuellement sur une voie de communication quelconque, non-seulement est grevée de son propre transport, mais elle a encore subi le transport des 4, 6 tonnes de matière première qui ont servi à sa fabrication.

S'il s'agit d'une tonne de gros fer, son transport actuel est une charge ajoutée à celle qui résulte du transport de 7, 83 tonnes de minerai et de combustible.

La locomotion d'une tonne de fonte moulée de 2e fusion, et celle d'une tonne de tôle ont été précédées du déplacement de 5, 31 tonnes pour la première et de 9, 93 tonnes pour la seconde.

S'agit-il du transport de cette tonne de tôle? Eh bien, si le parcours est de 100 kilom., ce transport coûtera, à 6 centimes par kilom., 6 fr, de plus par un chemin de fer que par un canal; et la valeur de la tonne de tôle, qui est aujourd'hui d'environ 600 fr., n'en sera pas sensiblement affectée. Mais si toutes les opérations préliminaires ont été grevées de la même charge, c'est-à-dire, si les matières premières ont aussi subi sur 100 kilom., terme moyen, le transport par un chemin de fer au lieu de jouir de la réduction qu'un canal leur aurait offerte, ce surplus de dépenses de 6 fr. par tonne portera et sur le produit fabriqué et sur les 9, 93 tonnes de minerai et de combustible qu'il a consommés, et alors l'augmentation du prix s'élèvera à 65 fr. 58, c'est-à-dire à environ 11 p. 0/0 de la valeur actuelle.

Une tonne de fonte moulée fabriquée à l'aide de matières ayant subi un transport moyen de 100 kilom., et qui aurait elle-même à parcourir la même distance pour arriver au consommateur, coûterait 37 fr. 86 de plus, si au lieu d'être effectués sur un canal, ces divers transports se faisaient sur un chemin de fer. Cette augmentation correspond à 10 p. 0/0 de de la valeur actuelle.

Sur la fonte brute et le gros fer l'augmentation est plus sensible ; et en restant dans notre supposition d'un parcours moyen de 100 kilom., tant pour le transport après fabrication que pour l'approche du combustible et du minerai, la différence du chemin de fer au canal augmentera de 33 fr. 60 le prix de la tonne de fonte brute, et de 50 fr. 58 celui de de la tonne de gros fer ; ce qui correspond pour la première au cinquième et pour la seconde à près du sixième de la valeur actuelle.

Or cette supposition d'un parcours moyen de 100 kilom. à laquelle nous nous sommes arrêtés pour fixer les idées, est loin d'être exagérée pour la France surtout, où l'industrie du fer tend à se transformer et à substituer presque partout le combustible minéral au charbon de bois ; et où de si grandes distances séparent en général les bassins houillers des meilleurs gîtes de minerais.

Ce que nous venons de dire de l'industrie du fer, s'applique d'ailleurs à toutes les autres. Chacune d'elles fait disparaître dans ses élaborations une portion plus ou moins grande des matières premières sur lesquelles elle a opéré, et ne livre ensuite à la consommation que des produits dont le volume et le poids ne représentent plus qu'une faible partie des volumes et des poids primitivement absorbés. Le combustible surtout, cet agent nécessaire de presque toutes les opérations industrielles, qu'on retrouve partout, appliqué aux fonctions les plus diverses, disparaît en général complétement ; et le poids des objets fabriqués reste indépendant de celui de ce combustible, qui a joué un si grand rôle dans la fabrication.

Le fer et la fonte, les bois d'œuvre, les matériaux de constructions qui constituent les machines, et qui servent à la confection des ateliers et des magasins n'affectent pas non plus le poids définitif des produits ; et pourtant le prix de revient de ceux-ci dépend nécessairement dans une certaine mesure de la valeur vénale de ces éléments indispensables des constructions industrielles.

Au reste, à quoi bon ces déductions pour un fait qui saute aux yeux ? Il n'y a pas de produit fabriqué qui n'ait exigé pour sa confection définitive le mouvement d'un poids 5 fois, 10 fois, 20 fois etc. égal au sien ; et dès lors la dépense du transport se multiplie dans le produit livré à la consommation en raison de la masse des matériaux de toutes sortes qui ont servi à la production.

De là cette conséquence, c'est que si en général il importe peu de savoir par quelle voie l'objet fabriqué sortira de l'usine pour arriver au consommateur, il importe beaucoup au contraire d'amener à l'usine par la voie la plus économique les matières destinées à la production. Examinée à ce point de vue qui est le seul utile, la différence de 6 centimes qui existe au minimum entre le prix du transport sur les chemins de fer et sur les canaux, constitue évidemment à la charge des premiers une énorme entrave, qui comprimerait de la manière la plus fatale l'essor de l'industrie, si l'on venait à l'abandonner à la prédominance exclusive des chemins de fer.

Ainsi, impuissance quant aux masses transportées, et excès dans le coût du transport, voilà ce qui met les chemins de fer fort loin des canaux pour le vaste et complet développement de l'activité industrielle.

Quant à la production agricole, elle a aussi de larges bénéfices à retirer du bas prix des transports, et par conséquent les canaux lui offrent un stimulant très-puissant par le fait même de l'économie qu'ils lui procurent. D'ailleurs, l'agriculture et l'industrie se développent en général parallèlement ; la fécondité de la première s'accroît avec l'activité de la seconde, et les pays qui occupent le premier rang en industrie, sont aussi les plus avancés en agriculture. Elles réclament donc toutes les deux et au même titre et en premier lieu, le secours efficace, l'impulsion énergique qu'elles ne peuvent recevoir que des voies navigables. Les chemins de fer seront ensuite un très-heureux complément ; mais ils deviendraient un superflu ruineux, s'ils devaient faire perdre de vue le nécessaire !

CHAPITRE VI.

DES CONSÉQUENCES A DÉDUIRE DU CHAPITRE PRÉCÉDENT POUR L'INFLUENCE DES CANAUX SUR L'AVENIR DES CHEMINS DE FER EN FRANCE.

Si rien n'est plus précieux que les leçons de l'expérience, rien n'est plus rare aussi que de les étudier avec sincérité, ou de les appliquer avec sagacité et avec fruit. Une lutte vive s'est engagée en Angleterre entre les canaux et les chemins de fer. Les premiers ont vu leurs produits décroître dans une grande proportion. On en a conclu d'abord que les canaux périraient infailliblement, et ensuite que partout où la lutte s'engagerait elle conduirait à des résultats semblables; et puis, transplantant sans plus de façon la conclusion en France, on a été conduit à ce résultat : *Point de canaux le long des chemins de fer.*

Nous avons déjà vu que la Belgique fait précisément le contraire, et que l'expérience de l'Angleterre, ne conduit pas du tout à de pareilles conclusions. Les canaux anglais qui s'étaient depuis longtemps approprié les transports de marchandises, étaient, avant l'ouverture des rails-ways, maîtres du présent et certains de l'avenir; car, capables d'augmenter presque indéfiniment leur tonnage, ils étaient en mesure d'absorber tous les produits nouveaux à attendre du développement de la richesse publique. D'ailleurs la liberté du parcours des canaux avait nécessairement amené à un taux raisonnable le prix du transport proprement dit, qui était la seule partie du fret sur laquelle la concurrence pût agir. Quant aux droits de navigation ou aux tarifs, ils ne pouvaient évidemment être modérés que par une rivalité de canal à canal. Or les luttes de ce genre, élevées entre des voies navigables concurrentes, paraissaient fort calmes, si non tout à fait nulles, au moment où les chemins de fer sont intervenus avec leurs prétentions au partage.

Certes rien de plus légitime que cette concurrence nouvelle. Elle était appelée par les conditions mêmes des tarifs de navigation, dont l'élévation excessive permettait aux Compagnies de chemins de fer d'espérer qu'elles recueilleraient encore des bénéfices suffisants.

Cet espoir s'est-il réalisé, on peut en douter lorsqu'on parcourt les enquêtes parlementaires. La concurrence sur le transport de la grosse marchandise a dû causer des pertes sensibles aux chemins de fer qui ont à pourvoir, non-seulement aux intérêts du capital engagé, mais encore aux énormes frais journaliers qu'imposent le travail de la locomotion et les services qui s'y rattachent; tandis que pour les canaux il n'y a pas eu perte proprement dite, il y a eu réduction de bénéfices, et leur état actuel doit en général être considéré comme étant encore très-prospère.

Ce n'est pas que les chemins de fer anglais manquent de prospérité; il s'en faut bien. Mais pour les rail-ways, concurrents des canaux, ce n'est évidemment pas à la marchandise qu'ils la doivent, c'est au trafic des voyageurs et de la messagerie; et sous ce rapport, ils ont des avantages considérables qui compensent pour eux les charges de la lutte. Ainsi une population très-dense, éminemment mobile, une immense fabrication d'objets propres à la messagerie, et par-dessus cela les tarifs les plus élevés de l'Europe (1), améliorés encore par l'abondance et la qualité du combustible, et par une entente merveilleuse des machines et de leur usage ; voilà les chances particulières de succès que présentent les chemins de fer anglais.

Ces chances se reproduisent-elles en France ? oui, pour quelques chemins particuliers ! non, d'une manière générale. Or, il s'agit du système général des rail-ways français, et des moyens de donner à l'ensemble du réseau la plus grande utilité et la plus grande valeur.

Que faut-il donc pour cela ? avant tout beaucoup de voyageurs, beaucoup d'objets destinés à la messagerie, de nombreux produits ayant assez de valeur pour acquitter le prix de cette vitesse, qui est la loi du chemin de fer, qu'il ne dépend pas de lui de refuser et qui lui impose pourtant de si grands sacrifices.

Là où ces éléments manquent, le chemin de fer végètera, et ce n'est pas par des transports de houille, de minerais, de chaux, d'os, etc., qu'on y suppléra, et cela par une raison toute simple ; c'est que le chemin de fer ne fera ces transports avec profit pour lui qu'à la condition de les mettre à un prix qui sera une entrave à la circulation même de ces matières, et qui en limitera l'emploi d'autant plus qu'entrant, comme nous l'avons vu, en masses énormes dans les opérations de l'industrie, elles affectent de la manière la plus grave la valeur des produits manufacturés.

Ainsi, en livrant les matières premières exclusivement aux

(1) Les prix adoptés par les Compagnies des principaux chemins de fer sont d'environ :

19 cent. 1/2 par kilom. pour les voyageurs des voitures de 1re classe.
13 cent. . . . . 2e —
6 cent. 1/2 à 10 cent. . . . . 3e —

chemins de fer, on se place dans cette alternative; ou bien les chemins de fer les transporteront à perte, ou tout au moins sans bénéfice pour favoriser le développement de l'industrie, et alors ils entraveront par un service sans rémunération la partie productive de leur trafic; ou bien, ils feront ces transports avec bénéfice, et alors ils comprimeront la production, et créeront eux-mêmes l'obstacle le plus sérieux à la multiplication de ces objets, qui procurent aux chemins de fer avec moins de travail les plus grands profits.

Dans l'un et l'autre cas l'intervention des canaux ne peut donc être que très-favorable aux chemins de fer, ou plutôt cette intervention est indispensable à leur prospérité, parce que les canaux seuls peuvent, à raison de l'extrême bas prix des transports, et de la puissance presque indéfinie de leur trafic propre, effectuer ce lourd service de la grande industrie, et répandre abondamment et avec profusion ces matières pondéreuses qu'elle consomme par centaines de mille tonneaux.

Ce qu'il fallait donc voir avant tout dans l'expérience de l'Angleterre et dans celle de la Belgique, ce sont les éléments particuliers de succès qu'y rencontrent les chemins de fer; ce qu'il fallait comprendre, c'est que le chemin de fer vit de la richesse publique; il l'augmente et il la multiplie; mais c'est d'abord le canal qui la crée; c'est enfin que le canal seul peut assurer le développement le plus vaste de la production, et fournir au chemin de fer ses indispensables moyens de succès, en lui procurant les ressources nécessaires à l'aliment le plus profitable de son trafic.

Aussi voyons-nous les chemins de fer s'installer de préférence là où l'abondance et la prospérité ont été créées par les voies navigables. Ce n'est certes pas la rivalité qui les y appelle, puisqu'une jouissance sans partage et sans lutte serait infiniment préférable; non! ils sont attirés par la multiplicité de ces besoins nouveaux que les voies de navigation développent sur leur cours et auxquels il n'est pas dans leur nature de satisfaire.

Que parle-t-on donc de rivalité, d'antagonisme, de lutte, comme de l'Etat normal des voies de fer et des voies d'eau? Oui sans doute, c'est la position que la concurrence a faite à un grand nombre de Compagnies particulières, mais il est permis de penser que plusieurs d'entre elles s'éclaireront, si elles ne le sont encore, sur leurs véritables intérêts. Car déjà les pourparlers entre les Compagnies rivales pour arriver à des accomodements, tendent à distinguer les *marchandises de chemins de fer des marchandises de canaux*, pour les soumettre à des conditions différentes, et réformer ainsi les erreurs de la concurrence par les indications de l'expérience (1); et après tout les vues circonscrites, quelquefois bornées, et dans tous les cas actuelles et passagères des Compagnies, devraient-elles donc être nécessairement les vues de l'Etat? Pour l'Etat, au point de vue d'avenir où il est placé, de la hauteur d'où il domine les étroites combinaisons de l'intérêt particulier, le chemin de fer n'est pas l'antagoniste, il est le *complément* du canal; ou le canal est le *complément* du chemin de fer, comme on voudra. L'expression d'ailleurs appartient au gouvernement Belge, et elle n'en a que plus de valeur. C'est à l'occasion du canal de la Campine, qui nous a occupés précédemment, que le gouvernement Belge disait :

« Les houilles, les pierres, la chaux, le minerai, les briques, » etc., qui encombrent, salissent, demandent de grands es- » paces, et que les allures plus relevées, plus délicates du che- » min de fer repoussent, seront expédiés de préférence par

(1) Voir aux pièces justificatives (n° 13), l'extrait de l'interrogatoire du capitaine John Milligen-Laws, actionnaire et administrateur général du chemin de fer de Manchester à Leeds.

» ce canal, qui deviendra en quelque sorte *le complément in-*
» *dispensable du chemin de fer de l'Etat.* » (1)

Que la France fasse donc des chemins de fer, et qu'elle en fasse beaucoup, car ils sont un élément de civilisation et de force, et par conséquent de puissance et de grandeur !

Mais que dans une si grave question, où les intérêts présents et à venir du pays sont si fortement engagés, la France s'inspire à d'autres sources qu'à celles que la cupidité a viciées ; qu'elle suive l'exemple de la Belgique; qu'elle voie le progrès rapide de son réseau de chemins de fer, sous l'action de l'accroissement prodigieux du mouvement de ses lignes navigables; qu'elle se persuade que plus les canaux transporteront des matières pondéreuses que l'industrie consomme en grande masse, plus la production s'accroîtra, et plus par conséquent les chemins de fer auront de transports profitables et d'éléments de succès! Qu'enfin le gouvernement et les chambres ne perdent pas de vue, nous osons les en conjurer au nom de l'avenir d'une si vaste entreprise, que la plus grande prospérité des chemins de fer est liée au développement le plus complet de l'industrie nationale, et que pour celui-ci c'est à la puissance et au bas prix des seules voies navigables qu'il est donné d'y pourvoir !

(1) Des voies navigables en Belgique. Considérations historiques suivies de propositions diverses ayant pour objet l'amélioration et l'extension de la navigation. Page 130.

CHAPITRE VII.

DES DROITS DE NAVIGATION SUR LES CANAUX ET RIVIÈRES EN FRANCE ET, A CE SUJET, DE LA CONCURRENCE INTERNATIONALE.

Dans la comparaison que nous avons établie entre les prix de transports par les chemins de fer et par les voies navigables, nous avons fait abstraction des péages sur chacun des systèmes de communication, et nous nous sommes bornés à rapprocher *la dépense effective* du transport sur les rails-ways, du *prix moyen payé par le commerce* pour le transport proprement dit sur les canaux et rivières qui aboutissent à Paris. C'était mettre les chemins de fer dans une position relativement très-favorable, et à cause des imperfections reconnues des lignes de navigation prises pour terme de comparaison, et de la surcharge qui en résulte pour les transports, et à cause que le prix payé par le commerce pour ses expéditions par eau comprend les bénéfices attribués à la batellerie et aux opérations qui s'y rattachent ; tandis que le prix que nous avons déduit de l'expérience des chemins de fer, représente seulement les frais effectifs du transport sans aucun profit ou revenu quelconque pour l'exploitant.

Nous aurions maintenant à compléter cette comparaison en ajoutant les droits de péage à la dépense propre du transport.

Mais que doivent être ces droits de péage? Ici on est loin de s'entendre.

Les uns veulent que chaque communication fournisse par son trafic la rétribution exacte et complète du capital qu'elle a absorbé. Ils ne font à cet égard aucune distinction entre les canaux et les chemins de fer. Ils voient là une condition imposée par l'équité, qui exige qu'on n'affranchisse pas les premiers puisqu'il est impossible de décharger entièrement les seconds.

D'autres se plaçant en dehors de toute considération de concurrence et de rivalité, et ne voyant que l'expansion la plus complète des services à attendre des canaux, réclament pour eux une extrême modicité de droits, sinon une exemption absolue.

Les limites du cadre que nous nous sommes tracé et le temps qui nous presse, ne nous permettent pas d'entrer ici dans l'examen détaillé des opinions contradictoires émises sur cet important sujet de la tarification. Nous sommes obligés d'aller droit au but, laissant de côté les systèmes, pour chercher dans la nature même des choses la solution du problème.

Situation transitoire des tarifs sur les canaux français.

Notre réseau de navigation intérieure comprend maintenant trois catégories distinctes :

Les canaux et rivières *libres*, c'est-à-dire, dont l'Etat n'a pas aliéné les revenus, qu'il perçoit directement.

Les canaux *soumissionnés* en vertu des lois de 1821 et 1822, et dont les produits destinés à pourvoir aux intérêts et au remboursement des emprunts, sont de plus grevés par les partages de jouissance réservés aux prêteurs;

Enfin les canaux *concédés* à perpétuité ou à terme, depuis l'année 1642, où fut achevé le canal de Briare, jusqu'à nos jours.

Les voies navigables dont l'Etat dispose librement, peuvent recevoir dans leurs tarifs toutes les modifications réclamées par les besoins du commerce et de l'industrie. Déjà la loi du 9 juillet 1836 est entrée dans cette voie, non-seulement par l'uniformité et l'abaissement général des tarifs sur la majeure partie des fleuves et rivières du royaume, mais encore en donnant au gouvernement un droit permanent de révision et de réduction, par ordonnance, sauf la sanction ultérieure des chambres.

Nous n'avons pas à juger ici les transactions de 1821 et 1822. Sans doute les conditions faites à cette époque aux prêteurs paraissent aujourd'hui exorbitantes, mais pour les apprécier sainement il faut se reporter à l'état du crédit, au moment où les traités sont intervenus, et tenir compte des incertitudes qui devaient alors peser sur les négociations et affecter l'esprit des contractants. Il faut même, pour être juste, ne pas méconnaître que le gouvernement devait être impatient alors d'entrer largement dans les grands travaux de la paix, et de faire succéder ses créations fécondes aux terribles secousses par lesquelles la France venait de clore tant de glorieuses luttes. Or, cette impatience a dû amener la précipitation, et celle-ci les mécomptes que nous voyons.

Toujours est-il que les traités de 1821 et de 1822 sont aujourd'hui en contradiction avec l'usage libre et complet, avec l'usage le plus profitable de la partie considérable de notre réseau de navigation à laquelle ils s'appliquent; et qu'il y a dès lors utilité publique à réformer ces traités, avec indemnité, bien entendu; la bonne foi et la justice étant le premier devoir et même le premier besoin de l'Etat.

Quant aux canaux aliénés ou concédés à long terme, les canaux d'embranchement importent peu, mais ceux qui font partie des lignes principales de navigation, comme les canaux de

Roanne à Digoin, de Briare, d'Orléans et du Loing, et qui sont ainsi interposés comme des nœuds sur la direction même des voies les plus importantes ; ces canaux-là, disons-nous, sont, dans une pareille position, un obstacle très-sérieux aux réformes que ces grandes communications, considérées dans leur ensemble, réclament impérieusement ; et le temps approche où ces inconvénients seront trop vivement sentis pour qu'ils ne donnent pas lieu à des propositions et à des mesures radicales. La Belgique a été conduite au rachat des principales concessions de ses voies navigables ; çà été pour elle une opération excellente au point de vue financier, comme à celui de l'économie publique ; la France y viendra.

Si donc nous n'avons pas devant nous table rase, en ce qui concerne nos droits de navigation intérieure, nous nous trouvons au moins en présence d'une situation transitoire, qui est obligée de compter avec les faits nouveaux et de tendre à s'y adapter.

La vivacité toujours croissante de la concurrence internationale est un de ces faits. Aux luttes terribles de la guerre ont succédé d'autres luttes, pacifiques, soit ; mais qui ont pourtant aussi leurs crises, leurs angoisses et leurs victimes.

Influence des tarifs de navigation sur les conditions de la concurrence internationale.

L'Angleterre, la France et la Belgique sont les trois nations du monde le plus vivement engagées dans ces luttes ; mais la France avec un immense désavantage. Notre réseau de navigation intérieure est imparfait et incomplet, tout le monde le voit et le sait ; et sous ce rapport notre industrie est grevée de charges énormes comparée à l'industrie anglaise et belge ; mais elle est grevée encore par les tarifs.

On a pourtant proclamé le contraire. Les partisans des tarifs français, et ils en ont, car ils ont des intéressés ; n'ont jamais manqué de faire ressortir leur infériorité sur les droits perçus par les concessionnaires des canaux anglais; et le fait est qu'*à distance égale* les droits de navigation sont, terme moyen, moitié moindres sur nos canaux soumissionnés de 1822 que sur les canaux d'Angleterre. Mais qu'importe, si les distances à parcourir en France sont décuples, et si pour rendre à l'industrie un service équivalent, il faut acquitter chez nous dix fois le droit qu'on n'acquitte qu'une fois chez nos voisins d'outre-Manche.

Qu'on voie cependant les principales positions industrielles de l'Angleterre et qu'on les compare avec les nôtres.

Mulhouse sera-t-il notre Manchester ? Mais Manchester à 50 kilomètres de Liverpool, à 150 de Hull est rattaché au premier de ces ports par deux lignes navigables, au second par trois. Il est relié directement par des canaux aux bassins houillers qui sont à ses portes; il est lié de même à toutes les villes manufacturières qui l'entourent, comme Boston, Bury, Stockport, Northwich, etc. Il communique par eau avec Birmingham et ses innombrables usines métallurgiques.

Mulhouse, au contraire, placé aux pieds des escarpements du Jura et des Vosges, peut, il est vrai, communiquer avec l'Océan par une voie navigable, mais celle-là a plus de 900 kilomètres pour arriver à Rouen, et près de 1,100 pour arriver au Hâvre; et encore rencontre-t-on dans l'intervalle les graves difficultés de l'Yonne et les imperfections de la Seine. Si Mulhouse est rattaché à la Méditerranée, c'est par un parcours navigable de 765 kilom. singulièrement entravé en remonte par la pente du Rhône, et même par les inégalités de la Saône.

Enfin Mulhouse est à près de 500 kilom. du bassin houiller de Saint-Etienne, à 360 kilom. de celui de Blanzy, à plus de 250 de celui de Sarrebruck, et pour ce dernier, il y a actuellement 150 kilom. de parcours par terre, qui rendent son plus proche voisinage de Mulhouse complétement inutile à l'industrie de cette ville.

Y a-t-il en France une position que nous puissions comparer à celle de Birmingham. La houille et les minerais sont à ses pieds ; une activité prodigieuse l'enveloppe de toutes parts, et quoique ce soit de toutes les grandes villes d'Angleterre la plus centrale, elle touche en réalité aux principaux ports par ses lignes de navigation, qui versent incessamment ses produits sur Londres, sur Hull, sur Manchester et sur Liverpool.

Chez nous, le département de la Haute-Marne était encore en 1842 en tête de la liste des départements rangés d'après leur ordre d'importance dans l'industrie du fer (1) ; et l'industrie du fer y est aux abois, parce que le département de la Haute-Marne, avec ses excellents minerais, n'a pas une voie navigable ; parce que les houilles de Saint-Etienne et de Bourgogne ne peuvent lui arriver, non plus que les houilles étrangères, que par de ruineux transports sur des routes de terre. Qu'y a-t-il là qu'on puisse comparer à la position des usines anglaises ou avec celle des usines que la Belgique possède sur les bords de la Sambre et de la Meuse ? Sans doute, en France toutes les situations ne sont pas aussi défavorables, mais qu'on remarque pourtant que nous prenons là précisément nos principaux foyers de production.

Le désavantage de la France, quant au système des voies navigables et au développement de la puissance industrielle qui en résulte, est donc immense, nous le répétons, par rapport à la Belgique et à l'Angleterre ; et il est clair que pour rétablir autant que possible l'équilibre, il faudra procéder par des abaissements de tarifs, qui sont le seul élément arbitraire dans le coût des transports; c'est, avec le complet parachèvement des voies navigables, le soulagement le plus réel et l'en-

(1) Compte rendu des travaux des ingénieurs des mines en 1843.

couragement le plus efficace que l'Etat puisse donner à l'industrie nationale.

Cet appui, cet encouragement sont devenus indispensables, parce que d'une part le marché intérieur est incessamment menacé par les efforts et par la réduction progressive des prix de l'industrie étrangère; et parce que, d'un autre côté, le marché extérieur, chaque jour plus nécessaire au développement des grandes puissances industrielles, appartiendra en définitive à la fabrication la plus économique.

Il importe donc plus que jamais, et chaque jour il importera davantage, que l'Etat reste maître de ses tarifs de navigation, puisque encore un coup c'est là qu'est la ressource la plus puissante, et le stimulant le plus énergique de la grande production.

Une réflexion fera mieux comprendre la portée d'une pareille mesure. L'Angleterre a aliéné depuis longtemps tout son réseau de navigation intérieure. Les Compagnies concessionnaires y ont perçu d'immenses bénéfices. Les actions de certains canaux ont été vendues jusqu'à 30 fois le prix d'émission. Réduites aujourd'hui pour plusieurs lignes navigables par la concurrence des chemins de fer, elles représentent encore, terme moyen, à leur valeur actuelle, plusieurs fois le capital primitif. D'ailleurs, les canaux et les chemins de fer sont en voie d'arrangement. L'entente succédant à la lutte, il est probable que les affaires des canaux vont reprendre une situation stable, et leurs actions un prix plus fixe. L'Etat s'est donc privé de ce puissant moyen d'agir sur la production et d'ajouter aux chances de prépondérance de l'industrie nationale.

Or, jusqu'où n'est pas porté en Angleterre le sentiment de la nécessité de cette prépondérance ? Qu'on se rappelle cette résistance énergique du gouvernement aux mesures d'humanité proposées en faveur des enfants travaillant dans les manufactures, et la crise politique que cette résistance a été sur le point de provoquer. Peut-on croire, nous le demandons, qu'un abaissement considérable dans les droits de navigation sur tous les canaux et rivières de la Grande-Bretagne, qu'une réduction qui aurait, par exemple, limité les taxes aux besoins de l'entrettien, n'aurait pas produit pour l'industrie britannique de très-larges compensations à la concession qu'on réclamait d'elle sur la durée du travail journalier des enfants, dans l'intérêt de leur développement physique et moral? Maîtresse de ses tarifs de navigation, l'Angleterre aurait donc pu épargner au monde le douloureux spectacle de la nation la plus riche de l'univers, marchandant, au nom de sa grandeur menacée, une heure de repos et de grand air aux malheureux enfants, fatalement voués à sa suprématie industrielle, comme les machines mêmes auxquelles ils sont enchaînés.

Voilà pourtant une conséquence de la concurrence internationale! La France n'en est pas là; et, Dieu merci, pour sa gloire et pour l'honneur de l'humanité, elle n'y arrivera pas! Mais qu'elle voie du moins jusqu'où peut entraîner cette concurrence dans laquelle elle est entrée, et dans laquelle il faut qu'elle persévère; et qu'elle se réserve à l'avance les moyens de prendre sur les *conditions matérielles* de l'industrie nationale, les encouragements et les secours qu'elle peut réclamer, pour n'avoir jamais à les prélever sur *la santé et la moralité* de sa population ouvrière.

C'est encore un résultat de la concurrence internationale, que cet obstacle énergique, presque violent, qu'a soulevé, il y a quelque temps, le projet d'union douanière entre la France et la Belgique. Le projet avait en lui-même une utilité manifeste, mais il est venu trop tôt; pourquoi? C'est que, si on veut appeler sur le marché français le concours *sans conditions* de l'industrie belge, il faut avant tout mettre l'industrie française *dans les conditions équivalentes* à celles de sa voisine: c'est-à-dire qu'il faut à la France un système complet de navigation intérieure, analogue à celui que possède la Belgique et dont elle use si largement et si bien !

Que sont enfin ces énormes remises que la Belgique accorde sur ses droits de navigation pour toutes les matières destinées à l'exportation ? Ne prouvent-elles pas, par l'étendue des réductions qui vont jusqu'à 75 p. 0/0 dans le bassin de l'Escaut, l'importance attachée au marché étranger, en même temps que les recettes croissantes des rivières et canaux montrent l'influence de l'extrême bas prix des transports sur le mouvement général des voies navigables.

Ainsi, la grande production dans l'intérêt de l'accroissement de la consommation intérieure, et plus encore dans celui du progrès de notre commerce extérieur, est liée à l'achèvement, à l'extension et au perfectionnement de notre réseau de navigation ; et en même temps, pour la France plus que pour aucune de ses rivales, à l'extrême modération des tarifs.

Sous ce dernier rapport, les réductions imposées aux propriétaires des canaux anglais par la concurrence des chemins de fer, celles que la Belgique accorde spontanément à son commerce, sont de nouveaux motifs pour que le gouvernement français entre résolument dans une réforme large et complète. D'ailleurs si la consommation et les débouchés augmentent, les concurrents arrivent : ainsi la Prusse et l'association allemande redoublent d'activité et d'efforts, et les Etats-Unis aspirent à devenir une puissance industrielle.

Enfin la grande production intérieure et le grand développement du commerce extérieur sont des conditions indispensables à l'existence et à la force de la marine de l'Etat ; et la France veut, et a raison de vouloir être une puissance maritime du premier ordre. Le rang qu'elle occupe lui en fait un devoir, et le maintien de sa prépondérance politique lui en impose la loi.

Nous voilà, comme on le voit, bien loin de ce principe d'Adam Smith, de ne faire de communications que celles qui peuvent se payer elles-mêmes par *leur revenu direct* (1). Les communications, quelles qu'elles soient, se paient toujours, et d'autant mieux et plus vite par les immenses avantages *indirects* qu'elles procurent, qu'on leur demande moins *en taxes directes de péages.*

Des péages! On en eût couvert la France à une certaine époque de ferveur pour l'imitation de l'Angleterre. C'eût été à coup sûr très-bien, si l'imitation avait pu être complète; et si, en prenant les tarifs, on avait pris aussi l'admirable position d'hydrographie intérieure et extérieure, à laquelle ils s'appliquent. Mais comme ces conditions locales ne se déplacent pas, il semble qu'on n'y ait pas tenu, et qu'on ait mieux aimé voir la cause de la prospérité de l'Angleterre dans les charges qui la grèvent, parce qu'après tout c'était le côté le plus facile à imiter. Aussi s'est-on pris à regretter que le parcours fût libre et gratuit sur nos routes, sans qu'on remarquât que si l'industrie anglaise avait pu s'accommoder des routes à barrières, c'est qu'elle avait à sa disposition un système de navigation intérieure très-complet. Cette situation est aussi celle de la Belgique où les plus lourds transports se font depuis longtemps par eau. La Prusse a également établi sur ses routes un droit de barrière, mais ce n'est apparemment pas là-dessus qu'elle compte pour les progrès de son industrie. Quant aux droits de navigation en Angleterre, répétons-le, s'ils sont élevés les distances sont courtes; et ajoutons que les hauteurs à franchir sont en général plus faibles que celles que présentent nos ca-

(1) Recherches sur la nature et la cause de la richesse des nations. Livre V. Chapitre 1er.

naux; car chez nous, on rencontre, terme moyen, une écluse par 2 kilomètres, en Angleterre c'est une écluse sur 5 kilom. !. Or, comme il ne dépend pas de nous de raccourcir nos distances et d'abaisser les faîtes de nos montagnes, il faut bien que nous agissions sur le seul élément à notre disposition, et que nous cherchions les réductions de prix dans celles des tarifs. C'est comme cela que nous imiterons l'Angleterre, car l'imitation ne consiste pas ici à avoir des tarifs ni même à avoir des canaux, mais bien à nous rapprocher le plus possible de ses conditions industrielles, et à effacer par conséquent par une tarification convenable les surcharges que la configuration du sol impose à notre industrie.

Ainsi le développement du commerce et de la production intérieure, les nécessités de la concurrence avec les nations rivales sur le marché national, et surtout sur les marchés étrangers, et les progrès nécessaires de notre marine, appellent la réduction la plus large de nos tarifs de navigation, en même temps que la liberté et l'extension de tout notre réseau navigable. Nous avons vu d'ailleurs que la prospérité des chemins de fer se trouvait précisément liée aux mêmes mesures.

Des tarifs de navigation dans leurs rapports avec les tarifs des chemins de fer.

Cela dit assez que nous n'entendons pas du tout dégrever étourdiment les canaux sur toutes les classes de marchandises qui les pratiquent et de manière à nuire aux intérêts mêmes du trafic des chemins de fer, en paraissant le servir. Non ! si nous ne voulons pas que les canaux soient sacrifiés aux chemins de fer, nous ne voulons pas davantage que ceux-ci soient sacrifiés aux canaux. Chacun d'eux a sa part faite dans le travail social; ce à quoi nous tendons, c'est à la répartition rationnelle de la tâche commune. Ce doit être là le but de la révision des tarifs; et voilà pourquoi il importe que le gouvernement soit maître des tarifs de navigation, puisque ceux des chemins de fer sont remis aux mains de l'industrie particulière.

Que prétendons-nous donc? Assurer au trafic des railways les marchandises dites *de chemin de fer;* (nous empruntons cette expression aux enquêtes d'Angleterre), et de plus organiser les canaux de manière à ce qu'ils viennent en aide à la production intérieure et par suite au développement de l'activité sur les chemins de fer eux-mêmes; et nous voulons que les tarifs de navigation soient établis de manière à assurer cette utile répartition du service.

En un mot, admettant la distinction déjà établie par l'usage entre les *marchandises de canaux* et *les marchandises de chemins de fer*, nous disons que ce qui importe à la production, c'est que *les marchandises de canaux* voyagent au meilleur marché possible, et par conséquent soient taxées à un taux extrêmement bas; et que ce qui importe aux chemins de fer, c'est que les marchandises, qui forment plus spécialement l'aliment utile et profitable de leur trafic, ne soient pas attirées vers les canaux par des conditions trop favorables; et il est évident qu'une fois maître de toutes les grandes lignes navigables, le gouvernement pourra toujours disposer les tarifs de navigation de manière à atteindre à coup sûr ce double but.

Nous nous abstiendrons ici de propositions spéciales soit sur la classification à adopter, soit sur la quotité des droits. Celles auxquelles nous nous étions arrêtés dans un premier travail, exigeraient de trop longues justifications; et, encore une fois, le temps nous presse. L'essentiel, c'est qu'il soit bien reconnu que les nécessités imposées à la France par sa position en regard des autres puissances industrielles lui font une loi de tenir extrêmement bas ses tarifs de navigation sur les combustibles et les matières premières pondéreuses que l'industrie consomme en grandes masses; et que dès lors pour cette catégorie de marchandises, le droit sur les rivières et les canaux sera toujours fort inférieur au péage qu'un chemin de fer devrait prendre, au delà des frais effectifs du transport, pour obtenir une rétribution, même très-faible, de son capital. L'économie de 6 centimes par tonne et par kilomètre sur les dépenses propres du transport serait donc encore augmentée, pour cette classe spéciale de marchandises, d'une nouvelle économie sur les péages.

D'ailleurs, ces combinaisons de tarifs doivent être complétement étrangères à toute spéculation fiscale. C'est aux progrès de la richesse et de la prospérité publiques qu'il faut demander la restitution des capitaux que l'Etat consacre à des améliorations de ce genre; et l'accroissement progressif des recettes du trésor, sous l'influence du développement encore très-incomplet des travaux d'utilité générale, dit assez qu'il n'y a pas pour un état de placement plus sûr et plus productif, comme il n'y en a pas non plus de plus nécessaire, maintenant que la puissance des empires est si étroitement liée à leur prospérité matérielle et à leur richesse. Enfin, les canaux encore plus que les chemins de fer, nous l'avons fait voir, sont « *des* « *outils de production, et l'outil ne paie pas l'impôt.* » C'est le gouvernement belge qui le publie, et il a encore ici parfaitement raison ! (1)

(1) Voir le n° 10 des pièces justificatives.

CHAPITRE VIII.

RÉSUMÉ ET CONCLUSIONS GÉNÉRALES.

Nous avons examiné avec soin et étudié avec sincérité la situation respective des canaux et des chemins de fer concurrents en Belgique, en Angleterre et en France.

En Belgique, nous avons vu que le réseau complet de chemins de fer exécuté aux frais de l'Etat, était doublé par des voies navigables, parallèles ou concurrentes, sur tout son développement excepté dans l'intervalle compris entre Louvain et la frontière de Prusse; et nous avons établi par les documents officiels que le mouvement des transports sur tous les canaux et rivières de la Belgique était dans un progrès constant et inespéré, malgré l'activité croissante du trafic de son chemin de fer. Nous avons d'ailleurs fait remarquer que le gouvernement belge, qui apporte la plus scrupuleuse attention à la gestion économique des lignes de navigation et des voies de fer de l'Etat, complète aujourd'hui par un canal spécial, celui de la Campine, le *doublement* de son chemin de fer par des voies navigables concurrentes.

Pour l'Angleterre, après avoir réformé les fausses conséquences déduites de la dépréciation des actions des canaux sous l'influence de la rivalité des chemins de fer, nous avons fait voir qu'en prenant pour point de départ commun les prix d'émission, la valeur actuelle des actions des premiers restait plus élevée que celle des seconds, et qu'à ce compte, la prospérité des canaux était plus grande que celle des chemins de fer. Cette prospérité des voies navigables tient d'ailleurs à des causes qui doiventla maintenir et la développer, et dans les arrangements où tendent les Compagnies rivales, ce sont les canaux qui paraissent en définitive devoir faire la loi.

En France, nous avons vu que les chemins *houillers* du bassin de St-Etienne, et le chemin à *grand trafic* de Paris à Rouen n'avaient pas fait perdre aux voies navigables parallèles une portion sensible de leur tonnage; qu'il y avait arrangement entre le chemin de St-Etienne à Lyon et le canal de Givors; que la Loire n'était pas du tout en rivalité avec le chemin de St-Etienne à Roanne, qu'elle s'en servait au contraire pour compléter à Roanne ses chargements; qu'enfin le chemin de fer de Rouen, malgré une lutte très-vive, et l'appui que lui donnent les imperfections et les inégalites de régime de la Seine, ne lui avait enlevé dans le semestre d'été de 1844 que $1/50$ de son tonnage en 1843. Pour le canal du Rhône au Rhin entre Strasbourg et Mulhouse ou Huningue, il aurait perdu en 1842 le cinquième et en 1843 le quart de son tonnage en 1841; mais nous avons montré par quelles circonstances spéciales le chemin de fer s'était approprié cette partie du mouvement de la voie rivale.

La situation respective des canaux et des chemins de fer étant ainsi bien appréciée et dégagée des inexactitudes et des exagérations de la polémique, nous avons cherché dans la pratique même les éléments nécessaires à la comparaison des prix effectifs du transport des marchandises sur les canaux et les chemins de fer, et nous avons été conduits à ce résultat d'expérience:

Que les voies navigables offrent, dans le coût effectif du transport (tout péage mis à part), une économie sur les chemins de fer qui est de plus de 6 centimes par tonne et par kilomètre.

D'un autre côté, les exigences du service imposé aux chemins de fer à grand trafic, rapprochées des nécessités de l'industrie pour les gros transports et des tonnages actuels des voies navigables nous ont démontré que la puissance du chemin de fer a une limite, qui le met dans l'impossibilité matérielle de se substituer à la navigation soit en rivière, soit en canal.

La prédominance exclusive des chemins de fer comprimerait donc et par l'excédant de dépense qu'ils infligeraient à l'industrie, et par l'impuissance de satisfaire à ses besoins, l'essor de la production industrielle et agricole.

Or, le chemin de fer vit avant tout de la richesse publique, c'est-à-dire de la production, et tout ce qui fera obstacle au développement de celle-ci sera une atteinte portée à la prospérité même du chemin de fer.

Ce n'est donc pas de la rivalité, ce n'est pas de l'antagonisme qu'il faut susciter entre les voies de fer et les voies d'eau; c'est un *concours réel*, tendant au même but, comme doivent le faire les deux parties d'un même mécanisme; et attribuant à chacune des voies la part qui convient à ses facultés dans le travail commun.

Les tarifs de navigation doivent être réglés dans la vue de cette répartition; c'est-à-dire que, d'une part, ils doivent stimuler la production par des taxes très-faibles sur les *consommations de l'industrie*, et d'une autre part, favoriser le trafic des chemins de fer, par des taxes relativement élevées *sur les objets qui font l'aliment profitable de ce trafic.*

La question ainsi entendue, et les chapitres précédents établissent que c'est la seule manière rationnelle de l'entendre, la condition vitale de la plus grande utilité des chemins de fer en France gît dans le perfectionnement et l'extension des voies navigables, et dans une révision générale de leurs tarifs. Car c'est là que résident les conditions du développement le plus vaste et le plus complet de la production intérieure et les chances les meilleures et les plus indispensables de la concurrence internationale.

Nous arrivons, c'est vrai, à de nouvelles dépenses ! mais du moins, pouvons-nous mettre au défi d'en imaginer de plus largement productives; et d'ailleurs, la question n'est pas dans la dépense; elle est dans le but.

S'abstenir d'une dépense utile par des préoccupations exclusives d'épargne, c'est peut-être faire de l'économie de bonne ménagère, mais ce n'est certes pas faire de l'économie publique, comme celle qui convient à la France. Or, il y a quelque chose de pis que de s'abstenir absolument, c'est de ne pas savoir terminer l'œuvre commencée. C'est de perdre de vue le but dans les détails, dans les difficultés, dans les mécomptes de l'exécution; c'est enfin d'arriver, après de nombreux sacrifices, à quelque chose d'inachevé, de tronqué, d'incohérent, et de s'arrêter là, devant le dernier effort qui mettrait en valeur tous les sacrifices précédents, qui attribuerait à l'œuvre entière la plénitude de son utilité et permettrait d'en recueillir les produits les plus nombreux et les plus complets. Telle est pourtant la situation de notre réseau de navigation. Tout ce qui est fait, sauf quelques imperfections de détails, est bon, mais ne donnera tous les fruits qu'il promet qu'à la condition expresse du parachèvement de l'œuvre entière; en y comprenant non-seulement les ouvrages complémentaires réclamés par nos canaux et ceux qu'exigent le perfectionnement des fleuves et rivières et l'extension nécessaire du réseau, mais encore la révision et le remaniement convenable des tarifs; et en se proposant en un mot la suppression de toutes les charges et de tous les obstacles qui sont de nature à entraver l'activité du mouvement et l'usage le plus large de nos lignes de navigation.

On n'attend pas de nous que nous nous livrions ici à un exposé des nécessités actuelles et à des évaluations, qui excéderaient les bornes et les intentions de cet écrit, destiné seulement à dissiper, à la clarté des vrais principes, des erreurs dont les conséquences seraient fatales. D'ailleurs, en fait de travaux, ce n'est pas sur des combinaisons nouvelles, sur des projets jusqu'alors inconnus que nous aurions à appeler l'attention du gouvernement et des Chambres et à provoquer les efforts énergiques de l'Etat. Non! Il n'y a pas ici à se mettre en frais d'imagination; ce que nous demanderions, on le trouvera avec tous les développements qu'il comporte dans la nomenclature du budget et dans les comptes rendus de l'administration. Nous ne voulons rien en un mot que ce qui est depuis longtemps prévu, arrêté, voulu!

En fait de tarifs, déjà une loi est proposée pour le rachat des actions de jouissance des canaux soumissionnés. Ce qui précède ajoutera sans doute aux motifs de convenance et d'opportunité qui commandent une prompte adoption. On est ainsi dans la bonne voie; c'est beaucoup; et nous avons la ferme confiance que ce premier pas engagera par ses résultats mêmes à persévérer, et conduira finalement à l'affranchissement complet des grandes lignes navigables de toutes les charges inhérentes aux concessions particulières.

Enfin, les chemins de fer sont remis pour partie de leur construction et pour leur exploitation à l'industrie privée. C'est le système qui a prévalu! Les véritables théories économiques et gouvernementales le condamnent; mais, en France, la pratique l'absout, et elle le justifiera tant qu'il pourra se produire en France un fait comme celui-ci : *Le canal de la Marne au Rhin, l'une des conceptions les plus grandes, l'une des entreprises les plus puissantes et les plus fécondes de l'époque actuelle, devrait être aujourd'hui en navigation ; et, après six années, tantôt d'impulsion énergique, tantôt d'efforts en arrière pour faire rentrer le développement des travaux dans les limites étroites de crédits insuffisants, on a posé devant le parlement, la question de savoir si le canal de la Marne au Rhin serait terminé !* Oui, il le sera, et nous le prouverons tout à l'heure; mais de telles incertitudes et de tels revirements seront un argument décisif en faveur de l'intervention des Compagnies, tant qu'on n'aura pas trouvé dans une combinaison financière toute spéciale le moyen de s'assurer non-seulement le concours des capitaux privés, mais encore une rigoureuse exactitude dans leur affectation et dans leur emploi selon les besoins de chaque exercice.

Toujours est-il que les chemins de fer peuvent se prêter à l'intervention de l'industrie privée, par cette double raison que les chemins de fer comportent, outre leur construction comme voie publique, l'entreprise même du transport, et qu'après tout s'ils constituent des voies éminemment utiles, ils fournissent particulièrement une locomotion de luxe.

Pour les canaux, il n'y a rien de semblable. C'est *l'outil* dans son état le plus simple et presque le plus brut ; et nous avons démontré que par des circonstances particulières à la France, la partie essentielle de leur trafic ne peut admettre que des taxes très-faibles, établies sur des données tout à fait étrangères à toute spéculation de revenus directs.

Que les voies navigables restent donc ou rentrent dans les mains de l'Etat, puisque c'est là seulement qu'elles peuvent remplir le rôle que leur imposent les besoins de l'industrie nationale et la vivacité croissante de la concurrence étrangère. De cette façon, en ajoutant aux moyens de prospérité des rail-ways, les canaux seront encore dans l'intérêt du commerce de très-utiles modérateurs, et l'obstacle le plus efficace aux prétentions d'envahissement et de monopole des Compagnies de chemin de fer.

Ainsi raisonnablement, rationnellement, l'exécution des canaux aurait dû chez nous, comme en Angleterre et en Belgique, précéder celle des chemins de fer. Est-ce trop que de demander que les deux opérations marchent simultanément et du même pas ? Faisons donc nos chemins de fer ! subissons même et la précipitation de l'engouement et l'impatience des spéculateurs ! Mais faisons aussi qu'il n'y ait pas au bout de l'œuvre de graves mécomptes pour l'Etat et de terribles déceptions pour les Compagnies ; en un mot, en poussant activement l'exécution des chemins de fer, préparons-leur les grandes chances de profits et les éléments certains de prospérité, qu'ils doivent trouver dans le complet achèvement de notre réseau de navigation !

CHAPITRE IX.

DE L'ACHÈVEMENT DU CANAL DE LA MARNE AU RHIN.

Nous pourrions abandonner le canal de la Marne au Rhin aux conséquences des observations qui précèdent, et nous serions sans inquiétude sur son sort. Mais ce ne serait pas le traiter avec l'attention qu'il mérite, que de l'envelopper ainsi dans une sorte de formule générale. Il a en effet une valeur propre, qui commanderait son achèvement, quand il ne serait pas d'ailleurs justifié par la saine intelligence des besoins du pays et par l'utilité que nous croyons avoir établie, du concours des canaux et des chemins de fer. D'ailleurs, le canal de la Marne au Rhin a été spécialement attaqué, il importe qu'il soit spécialement défendu. On a élevé contre lui tout un échafaudage de faits inexacts, mal observés et de théories erronées, il faut que le canal de la Marne au Rhin y oppose et les faits généraux qui le défendent et les circonstances décisives qui le feront triompher. En un mot, ce que nous avons vu et lu de la discussion nous a prouvé qu'on invoquait l'expérience sans l'avoir étudiée, et qu'on combattait le canal de la Marne au Rhin sans le connaître. L'expérience, nous avons dit ce qu'elle est et ce qu'elle enseigne ; à ceux qui attaquent le canal de la Marne au Rhin, apprenons maintenant ce qu'ils font.

§ Ier.

Situation particulière du canal de la Marne au Rhin.

Qu'on veuille bien examiner sur la carte la position spéciale des départements français formés des anciennes provinces de Lorraine et d'Alsace. Ils comprennent cinq vallées principales : ce sont celles de la Meuse, de la Moselle, de la Meurthe, de la Sarre et du Rhin ; leur fertilité est admirable. Les marchés de la Moselle et de la Meurthe sont de toute la France ceux où les céréales se vendent aux prix le plus bas. L'industrie y a pris un grand développement, comme on le verra tout à l'heure ; et quant à la population elle y est nombreuse, intelligente, active, et elle porte dans les fécondes occupations de la paix, cette ardeur réfléchie et persévérante qu'on lui a vue montrer pour la défense du territoire dont elle garde les avant-postes.

Comment cette contrée est-elle rattachée au reste du royaume ? Par des routes. De grandes communications industrielles et commerciales, il n'y en a point vers la France.

La Lorraine possède, il est vrai, de belles rivières : la Meuse, la Moselle, la Meurthe et la Sarre ; ce sont là des éléments de grande prospérité. Mais ces rivières qui coulent sur le versant septentrional des Vosges, se dirigent toutes vers l'étranger, et à peine ont-elles atteint une puissance et une régularité de régime suffisantes, qu'elles rencontrent la frontière et les entraves qu'elle impose.

Ainsi, naturellement, par la pente générale de son sol, et par la direction de ses cours d'eau, c'est vers la Prusse et la Bavière rhénanes que tendraient les relations commerciales de la Lorraine ; mais les conditions politiques repoussent ces relations et les forcent à se tourner vers la France. Or, du côté du Sud, le massif des Vosges se dresse comme un obstacle infranchissable. Du côté de l'Ouest ou vers Paris, il faut couper à angle droit ces faîtes interposés entre les rivières de la Lorraine et qui en forment les bassins. S'agit-il par exemple des verreries de la Sarre, il faut que leurs produits traversent la chaîne secondaire qui sépare la Sarre de la Meurthe et de la Moselle, puis celle qui sépare la Moselle de la Meuse, et enfin la chaîne principale qui sépare la Meuse de la Marne ; et tout cela sur des routes de terre, par lesquelles reviennent ensuite les matières premières, comme les sables et la craie, que les verreries de la Sarre tirent de la Champagne. Certes, il faut une contrée bien préparée pour l'industrie, et une population merveilleusement douée pour devenir industrielles à ce prix.

Ces rivières descendant du versant septentrional des Vosges, ces voies naturelles qui devraient être des instruments de prospérité et de richesse, sont donc comme frappées de stérilité pour le pays.

Que fait le canal de la Marne au Rhin ? il relie entr'eux ces cours d'eau et rattache les unes aux autres, et au cœur du royaume, les fertiles et industrieuses contrées qu'ils arrosent. En général, les canaux suivent les grandes vallées ou prolongent leurs directions, le canal de la Marne au Rhin les traverse, et recueille au passage tous leurs produits pour leur verser les siens propres. C'est une position unique pour un canal d'une telle portée et d'une pareille étendue. C'est là ce qui donne au canal de la Marne au Rhin un caractère spécial ; et ce qui en fait une conception à part (1).

(1) Toute cette conception du canal de la Marne au Rhin porte dans son ensemble et dans ses détails le cachet particulier du génie du célèbre ingénieur Brisson, enlevé si tôt au corps des Ponts et Chaussées dont il était une des plus belles gloires, et à la reconnaissante affection de ses élèves qu'il initiait avec tant de bonté et de simplicité modeste aux ressources de sa science si profonde et de son expérience si étendue et si variée.

§ II.

Importance du canal de la Marne au Rhin comme voie de transit.

Il n'est donné qu'à de grands fleuves de recevoir ainsi sur leur route le tribut de rivières si importantes. Le canal de la Marne au Rhin est pour nous un fleuve véritable, car il n'est pas autre chose, commercialement parlant, qu'une dérivation du Rhin à travers les contrées les plus fertiles et les plus industrieuses du territoire français. C'est un bras détaché du fleuve à Strasbourg pour être dirigé sur le Hâvre, et même, par le canal de l'Aisne à la Marne, sur St-Valery, Calais et Dunkerque. Il met ces ports en communication directe et facile non-seulement avec Strasbourg, mais encore avec Mulhouse et Bâle, d'un côté, et avec Manheim, Mayence et même avec Coblentz par Metz, Trèves et la Moselle de l'autre. C'est enfin une concurrence ouverte par la France aux lignes de transit de la Belgique et de la Hollande.

Qu'on veuille bien se reporter à l'exposé des motifs de la loi en 1838, et au travail si complet et à tous égards si remarquables que M. le marquis de Dalmatie a soumis à la Chambre des députés comme rapporteur (1), et on verra que pour le gou-

(1) On comprend, sans que nous ayons besoin de le dire, que nos arguments sont extraits pour la plus grande partie de l'exposé des motifs du projet de loi, du lumineux rapport de M. le marquis de Dalmatie, et aussi de la discussion soutenue devant la chambre des députés, au mois de juillet dernier, par M. le ministre des travaux publics. Le procès est fait ici surtout aux chambres de 1838; nous réunissons et nous complétons les pièces du débat pour les soumettre aux chambres de 1845.

vernement qui a proposé le canal et pour les chambres qui l'ont voté, c'est d'abord d'une grande ligne de transit des ports de l'Océan sur l'Allemagne qu'il s'est agi. C'est sous ce titre que la question s'est particulièrement produite. On a voulu avant tout réaliser une communication navigable directe entre Strasbourg et le Hâvre par le canal de la Marne au Rhin, le canal latéral à la Marne qui n'en est que le prolongement et la Seine. Ce canal latéral à la Marne avait été voté en 1837. Le gouvernement avait proposé de le faire remonter jusqu'à St-Dizier; « cependant, dit M. le marquis de Dalmatie, » le canal a été arrêté à Vitry, et les motifs donnés dans le rap» port de la commission et dans la discussion de la chambre, ont » été que *jusqu'à Vitry, l'amélioration de la Marne faisait* » *partie de la grande ligne de la* SEINE *au* RHIN, *ligne de pre-* » *mier ordre et d'intérêt général, sur laquelle nos efforts* » *devaient se porter,* tandis que de VITRY à SAINT-DIZIER, le » canal projeté appartenait à une autre ligne, utile sans doute, » mais cependant d'un intérêt secondaire comparée à la ligne » du Rhin. »

Les intentions du gouvernement et celles des chambres en 1838, sont donc manifestes, et depuis elles se sont produites de nouveau par l'ouverture du canal de l'Aisne à la Marne, qui raccourcit de 25 kilom. le parcours navigable de Strasbourg au Hâvre, évite Paris pour les objets en transit, et enfin unit le canal de la Marne au Rhin avec toutes les lignes navigables du nord, et le met ainsi en rapport direct avec nos ports de la Manche et du Pas-de-Calais.

Ces considérations de transit, puissantes en 1838, auraient-elles donc perdu en 1845 toute leur valeur? Pour nous, une chose nous frappe. Le Rhin au-dessus de Mayence, le grand duché de Bade, la Suisse, le Wurtemberg, etc., ont des rapports nécessaires, indispensables avec l'Océan, et il faut bien que ces rapports passent quelque part. Or il n'y a que trois routes possibles : d'abord la remonte du Rhin à partir de Rotterdam.

Ensuite le chemin de fer belge-rhénan, d'Ostende ou d'Anvers à Cologne, avec la remonte du Rhin depuis cette ville (1).

Enfin, la Seine, la Marne et le canal de la Marne au Rhin.

La question est donc de savoir lequel des ports de Rotterdam ou d'Anvers et d'Ostende, ou du Hâvre, sera le port de l'Allemagne méridionale et de la Suisse sur l'Océan. Or, c'est là une question de prix.

Nous avons sous les yeux les tarifs des prix à forfait de transport par eau sur le Rhin de l'agence de la Société des remorqueurs à vapeur de Mayence.

Elle demande pour le transport en remonte d'une tonne *de Rotterdam ou d'Amsterdam à Strasbourg* :

1° Par bateaux à voile, et pour la distance entière (prix moyen).. 96f 40

2° Par remorqueurs à vapeur, prix moyen entre la première et la deuxième classe...................... 125f 00

Et pour la troisième classe comprenant les laines, les merceries, pelleteries, soieries, etc.................. 180f 00

Les prix en descente ne sont pas cotés au tarif pour les bateaux à voile; mais ils sont pour les remorqueurs à vapeur :

Par tonne, prix moyen de la 1re et de la 2e classe... 93f 75

Prix de la 3e classe........................ 130f 00

De Cologne à Strasbourg, la remonte d'une tonne se paie, terme moyen :

1° Par bateaux à voile.................. .... 53f 50

(1) Le canal Napoléon ou du Nord, d'Anvers à Dusseldorf, formerait une 4e ligne; mais commencé sous l'empire, il est aujourd'hui abandonné par suite de circonstances politiques qui ne permettent pas d'entrevoir l'époque de la reprise des travaux et de leur achèvement.

2° Et par remorqueurs à vapeur, pour les deux premières classes.................................... 71f 50

Et pour la 3e................................ 116f 50

En descente, c'est pour les deux premières classes. 58f 75

Et pour la 3e.................................. 92f 50

Ces prix ne s'appliquent d'ailleurs qu'aux marchandises qui ne proviennent pas de l'union douanière. Celles-ci sont protégées par les tarifs du Rhin et voyagent par conséquent à meilleur compte sur le fleuve, mais elles importent peu pour la comparaison que nous avons en vue, puisqu'elles ne peuvent pas faire l'objet d'un transit par la France.

L'administration belge traite pour le transport sur le chemin de fer rhénan, pour le chargement d'un waggon *par charge complète*, et pour la distance entière d'*Anvers à Cologne*, à raison de

101f pour la 1re classe de marchandise.
119f — 2e
141f — 3e

Le chargement complet est terme moyen de 4 tonnes ; le prix par tonne est donc de (1)

25f, 25 pour la 1re classe		
29f, 75 — 2e —		moyenne 29f 75
34f, 25 — 3e —		

Mais ces prix ne comprennent que le parcours de station à station, et on doit y ajouter les frais accessoires de chargement, de déchargement, de magasinage et de transbordement à

(1) Pour les chargements incomplets les prix sont beaucoup plus élevés. Les tarifs sont reglés par poids de 100 kilog. ; et portent pour le parcours d'Anvers à Cologne :

Pour les chargements de

500 à 4,000 kilog.	— 3f, 85	par tonne	38f, 50
50 à 500 —	— 4f, 80	—	48f,
5 à 50 —	— 10f 00	—	100f.

Cologne. Il est donc certain qu'une tonne de marchandise, coûte, terme moyen, pour son transport d'Anvers à Cologne par le chemin de fer rhénan au moins............ 30f 00

La remonte à la voile de Cologne à Strasbourg se paie.................................. 53, 50

Le prix d'Anvers à Strasbourg est donc de....... 83f 50

Si la remonte s'opère par des remorqueurs à vapeur, le prix sera pour les deux premières classes de marchandises de.................................. 101f 50

Et pour la 3e de.......................... 146f 50

Tels sont les prix qu'il faut mettre respectivement en présence de ceux qui ont été indiqués ci-dessus, pour la remonte du Rhin de Rotterdam à Strasbourg.

Voyons maintenant ce qu'il en coûtera par la ligne française du canal de la Marne au Rhin.

Du Hâvre à Rouen le fret moyen par tonne est de 13f 50

Nous avons vu qu'entre Rouen et Paris il est de... 12 00

Ce qui donne pour le transport du Hâvre à Paris.. 25f 50

De Paris à Strasbourg on aura à parcourir :

1° Sur la Marne améliorée et redressée 170 kilom.

2° Sur le canal latéral à la Marne 64 kil. }
3° Sur celui de la Marne au Rhin 302 — } 366 —

Total..... 536 kilom.

Nous compterons le transport à raison de 2 centimes 1/2 par tonne et par kilom. (c'est le prix des lignes du nord); ainsi pour 536 kilom. on aura..... 13f 40

Quant au droit, il s'agit de marchandises en transit, et ces marchandises sont déjà exemptées de tout droit sur les canaux français, sur le canal du Rhône au Rhin, par exemple; nous supposerons que cette mesure par-

A reporter...... 38f 90

Report...... 38^{f},90

faitement rationnelle est appliquée à la ligne navigable de Paris à Strasbourg.

Le prix par tonne transportée du Hâvre à Strasbourg, par la ligne navigable directe, sera ainsi de... 38^{f} 90

Qu'on remarque bien que cet affranchissement de droits sur les marchandises en transit, n'est pas du tout en contradiction avec ce que nous avons dit sur la nécessité de graduer le tarif des canaux de manière à assurer aux chemins de fer parallèles les marchandises qui conviennent à leur trafic. Il est entendu en effet qu'il s'agit seulement des marchandises qui pourraient hésiter entre un chemin de fer français et un canal français. Quant à celles qui sont entraînées vers l'étranger, il faut les attirer par notre territoire toutes les fois que c'est possible. Or, le chemin de fer français aurait entre le Hâvre et Strasbourg, 940 kilom., en le supposant terminé, c'est-à-dire sans solution de continuité au passage de Paris. La tonne de marchandise en transit coûtant, terme moyen, sur le chemin de fer d'Anvers à Cologne, 30 fr., *pour le parcours entier* de 250 kilom. coûterait sur le chemin du Hâvre à Strasbourg 112 fr., 80; on voit donc que ce chemin français ne lutterait pas contre le chemin de fer belge-rhénan et la remonte du Rhin depuis Cologne; et que par conséquent, si le canal de la Marne au Rhin s'approprie le transit, ce sera à la Belgique ou à la Hollande qu'il l'enlèvera, mais ce ne sera pas au chemin de fer contigu de Paris à Strasbourg.

Rapprochons les chiffres qui précèdent, en tenant compte seulement, pour simplifier, des prix moyens les plus faibles, que présente sur chaque ligne étrangère chaque mode de transport.

	INDICATION DES LIGNES.	PRIX MOYENS pour la DISTANCE ENTIÈRE. en remonte.	en descente.
LIGNES ÉTRANGÈRES.	1° Le Rhin de Rotterdam à Strasbourg. . .		
	Bateaux à voiles	96f,40	» »
	Remorqueurs à vapeur	125f, »	93f, »
	2° Le chemin de fer d'Anvers à Cologne et le Rhin de Cologne à Strasbourg :		
	Bâteaux à voiles	83f,50	» »
	Remorqueurs à vapeur	101f,50	88f,75
LIGNES FRANÇAISES.	3° Chemin de fer du Hâvre à Strasbourg par Paris	112f,80	
	4° Ligne navigable directe par la Seine, la Marne et le canal de la Marne au Rhin	38f,90	

On voit quel énorme avantage possède la ligne du canal de la Marne au Rhin sur toutes les lignes rivales, en ce qui concerne le transit. Cet avantage est tel, il laisse une marge si grande à la ligne française pour résister aux efforts de la concurrence, qu'il est évident que les provenances du canal de la Marne au Rhin pourront refouler les marchandises en remonte du Rhin, et les arrêter au-dessous de Mayence. Car pour cette dernière ville la voie navigable du Hâvre à Strasbourg présenterait encore une notable économie sur la direction prusso-belge, du chemin de fer d'Anvers à Cologne et de la remonte du Rhin.

La Moselle, rattachée au canal de la Marne au Rhin à

Frouard, et améliorée entre Frouard et Metz, donnerait une autre issue au transit dans le Luxembourg et le pays de Trèves, et porterait sans aucune difficulté jusqu'à Coblentz la prépondérance de la ligne française sur les lignes étrangères.

Le transit, nous le savons, a un peu perdu de son crédit. On lui avait d'abord attribué beaucoup d'importance, et puis on a compté; on a trouvé que c'était en définitive peu de chose pour la France, et il paraît qu'on n'y tiendrait plus autant aujourd'hui qu'il y a six ans. Pour nous, nous croyons que les nations reléguées au centre des continents et qui sont de toutes parts séparées de la mer, n'en ont pas moins besoin des provenances maritimes, et que ce besoin croissant les force et les forcera chaque jour davantage à adopter, sur les côtes les plus rapprochées, des ports à leur convenance, et à s'y frayer un passage à travers les pays voisins. Nous croyons qu'il y a là pour les peuples dont les ports sont ainsi empruntés, et dont les territoires sont ainsi traversés, des avantages considérables : avantages d'activité maritime et de mouvement intérieur; avantages d'extension dans les rapports internationaux et par conséquent d'influence extérieure; avantages enfin de bon voisinage et des relations de toutes sortes qui en résultent. Nous sommes convaincus que si le transit par la France n'a eu jusqu'ici qu'une fort médiocre importance, cela veut seulement dire que la France est mal organisée pour le transit, et que ses communications intérieures n'offrent pas les facilités et le bas prix qu'il recherche. C'est là ce qu'il faut changer; c'est là ce que le canal de la Marne au Rhin changera à coup sûr, pour les transports de l'Océan vers l'Allemagne. C'était un motif pour exécuter le canal de la Marne au Rhin en 1838; ce motif-là n'a rien perdu de sa valeur. Au contraire, le chemin de fer belge-rhénan est terminé, et Anvers devient le port de la Prusse; qu'il ne soit pas celui de la Bavière, du Wurtemberg et du grand duché de Bade!

D'ailleurs le remorquage à la vapeur sur les fleuves est en grand progrès. Rotterdam prétend ainsi l'emporter définitivement sur Anvers, même par le bas prix des transports. La Seine s'appropriera facilement ces améliorations quelles qu'elles soient, et elle restera avec son prolongement par la Marne, et le canal de la Marne au Rhin jusqu'à Strasbourg, une des voies de transit les plus actives qu'on puisse créer sur le territoire français. Ce sera d'ailleurs, pour les bords du Rhin au-dessus de Mayence, la voie de beaucoup la plus économique. Il est donc impossible que tôt ou tard elle ne soit pas la principale route du transit vers cette partie de l'Europe!

§ III.

Fréquentation générale.

Ces considérations de transit, si puissantes qu'elles soient ne sont qu'un des côtés de la question On a opposé au canal de la Marne au Rhin cette circonstance que les routes parallèles ne présentaient en ce moment qu'un tonnage de 42,699 tonnes. C'est, il est vrai, le chiffre qui a été consigné dans l'exposé des motifs du projet de loi relatif à l'ouverture du chemin de fer de Paris à Strasbourg. Mais d'abord le chiffre est trop faible de beaucoup. Il provient à coup sûr de calculs erronés, ou plus probablement d'une supputation incomplète, qui n'aura tenu compte que des transports de la ligne directe *de Nancy à Strasbourg*, sans y faire entrer le mouvement des routes *de Nancy sur Colmar* et *sur Mulhouse*. Nous avons voulu vérifier ce chiffre ; et les observations directes que nous avons fait faire, et qui comprennent une période de trois mois, nous ont donné les résultats suivants :

Le mouvement général parallèle au canal et au chemin de

fer, sans y comprendre la circulation toute locale qui n'emprunterait probablement ni l'une ni l'autre de ces voies, représente pour *le seul département de la Meurthe* un effet utile total de 10,785,670 tonnes transportées à un kilom. (1)

Il résulte du transport de 188,580 tonnes, parcourant dans le département de la Meurthe une distance réduite de 57,19 kilom.

Enfin il équivaut à 75,955 tonnes qui parcourraient la distance entière de 142 kilom., longueur du développement du canal dans la Meurthe.

Ce chiffre de 75,955 tonnes ramené à la distance entière, s'élève à 88,388 tonnes, lorsqu'on tient compte de la confection du canal des houillères de la Sarre, et des modifications qui en résultent dans la distribution de la marchandise le long de la ligne du canal, mais sans supposer d'accroissement dans le tonnage actuel.

Or il est évident que ce dernier chiffre doit représenter à peu de choses près le tonnage général, parallèle à la direction du canal et ramené à la distance entière. Là-dedans, nous le répétons, n'est pas comprise la circulation destinée aux exploitations purement locales, mais on y a réuni la messagerie avec les marchandises en accéléré et en ordinaire (2).

Ainsi le canal et le chemin de fer ont à se partager ou à disputer aux routes de terre dans l'état actuel des choses, 188,600 tonnes de marchandises, à parcours variable qui reviennent à

(1) Les relevés de fréquentation sont trop volumineux pour trouver place ici, même dans nos pièces justificatives. Nous les adressons à l'administration.

(2) Nos observations ne comprennent pas les transports en messagerie ou en roulage, qui se dirigent par la route de Troyes et Chaumont sur Mulhouse et Bâle, et qui font partie de la future clientèle du chemin de fer du Nord-Est et du canal de la Marne au Rhin.

188,388 tonnes, parcourant toute la ligne de Vitry à Strasbourg. Mais sérieusement n'ont-ils que cela à faire? Et quand ce tonnage serait encore réduit à moitié, en faudrait-il conclure que les deux voies manqueront de ressources pour alimenter leur trafic? En un mot, ne veut-on faire que ce que fait le roulage? Alors sans doute, il faudrait s'abstenir parce qu'après tout une économie de transport qui ne s'appliquerait qu'à un tonnage restreint et forcément limité, ne serait en définitive qu'une économie hors de proportion avec l'emploi d'énormes capitaux.

Mais nous l'avons déjà vu pour le transit, le canal de la Marne au Rhin aura seul la puissance de lutter et avec des chances incontestables de succès contre les lignes étrangères. Ce qu'il enlèvera sous ce rapport à ces lignes étrangères, n'est pas compris dans le tonnage actuel, et cela ne viendra pas au chemin de fer si on l'exécute seul. Voilà donc déjà une cause certaine d'augmentation, mais il y en a une autre plus puissante encore, c'est le transport des houilles.

§ IV.

Des transports de houilles.

Dans les 188,600 tonnes qui constituent le mouvement parallèle au chemin de fer et au canal dans le département de la Meurthe, les houilles n'entrent que pour 17,000 tonnes, et cette minime quantité s'explique parfaitement. Les houilles viennent de Sarrebruck, dont la distance directe au canal n'est pas de plus de 60 kilom.; et elles rayonnent naturellement de Sarrebruck, vers les lieux de consommation, par des lignes plus ou moins obliques à la direction générale du canal et du chemin de fer; on ne les retrouve donc pas dans la direction parallèle (1).

L'exécution du canal de la Marne au Rhin doit évidemment modifier ces dispositions. Il est clair que les houilles viendront au point le plus rapproché de Sarrebruck prendre le canal pour se distribuer ensuite le long de son cours, depuis Vitry jusqu'à Strasbourg, et atteindre d'un côté la vallée de la Marne et de l'autre le canal du Rhône au Rhin.

Canal des houillères de la Sarre.

Voilà ce qui donne un grand intérêt et une grande valeur au canal des houillères de la Sarre, qui rattache Sarrebruck au canal de la Marne au Rhin à Gondrexange. Cet embranchement avait été projeté comme un appendice nécessaire du canal principal; approuvé par l'administration supérieure, il devait faire l'objet de propositions spéciales de crédit. En attendant, des capitalistes qui comprenaient son importance, avaient fait, pour en poursuivre la concession, des démarches restées sans résultat, parce qu'il entrait dans les projets de l'ad-

(1) D'après les relevés officiels de la douane, on a importé en France, en houille du bassin de Sarrebruck, savoir :

En 1841	— 170,299	tonnes.
— 1842	— 171,984	—
— 1843	— 174,795	—
— 1844	— 188,728	—

Mais en rapprochant ces chiffres de la consommation effective, on trouve des différences assez fortes qui tiennent sans doute à l'insuffisance des déclarations faites à la douane, ou aux tolérances qu'elle accorde ; et il paraît que les entrées excéderaient en réalité les déclarations du sixième au septième du montant de celles-ci. La consommation française des houilles de Sarrebruck aurait donc été en 1844 d'au moins 216,000 tonnes. Là-dessus, la consommation de l'arrondissement de Metz et de la basse Moselle restera acquise aux voies actuelles, ou au chemin de fer de Sarrebruck à Metz. Le surplus entrera dans la clientèle des canaux des houillères et de la Marne au Rhin.

ministration d'exécuter directement le canal des houillères aux frais de l'Etat. L'hésitation de la chambre des députés, et le vote de suspension qui a frappé les travaux du canal de la Marne au Rhin, entre Nancy et Strasbourg, ont changé ces dispositions. Peut on songer à l'accessoire quand le principal est mis en question et paraît compromis ?

Mais voilà que l'accessoire apporte un immense secours au principal. A peine la mesure d'ajournement a-t-elle été connue, qu'il s'est constitué à Nancy une société pour l'exécution du canal des houillères, et depuis une seconde société s'est formée à Mulhouse dans le même but.

On doute que le canal de la Marne au Rhin ait un mouvement capable de le défrayer, on demande ce qui lui restera à côté du chemin de fer, d'un tonnage déjà insuffisant pour celui-ci ! Eh bien, voici les premiers négociants, les principaux industriels, les plus grands propriétaires du pays qui répondent par une soumission régulière, en bonne forme, accompagnée de toutes les garanties de moralité et de solvabilité désirables. Ils exécuteront le canal des houillères à leurs risques et périls ; ils y consacreront un capital de 14 millions, et ils se rembourseront par la concession d'un péage sur le mouvement du canal, que leurs calculs portent à 235,000 tonnes parcourant la distance entière ! Enfin, de ces 235,000 tonnes il n'y en a pas une qui puisse échapper au canal de la Marne au Rhin.

Nous voilà bien loin, comme on voit, du chiffre erroné de 42,000 tonnes de l'été dernier ; bien loin des 188,600 tonnes de mouvement effectif, dans lesquelles la houille n'entre que pour 17,000 tonnes ; bien loin, en un mot, de ce tableau rabougri qu'on avait fait du canal de la Marne au Rhin sans le connaître.

Ces 235,000 tonnes provenant du canal des houillères, ne parcourront pas, disons-le tout de suite, la distance entière du canal de la Marne au Rhin. Arrivées à Gondrexange, elles se sépareront pour se diriger, partie sur Strasbourg et le Haut-Rhin, et partie vers Nancy, la Meuse et la Haute-Marne.

La Haute-Marne! Le Haut-Rhin! Nous avons nommé deux grands foyers de production, qui vont s'amoindrissant et s'éteignant chaque jour, sous l'influence des conditions qui sont faites à leur approvisionnement de combustible. Est-ce du canal de la Marne au Rhin ou du chemin de fer parallèle qu'ils pourront recevoir le secours qui doit les ranimer?

Approvisionnement de la Haute-Marne.

Admettons que Vitry, à cause de sa position à la jonction du canal de la Marne au Rhin et de la Marne, que nous supposons devoir être améliorée et même canalisée dans sa partie supérieure, devienne le point de passage ou d'approvisionnement des houilles destinées aux forges de la Haute-Marne. Les houilles de Sarrebruck reviendront à Vitry par le canal des houillères, et le canal de la Marne au Rhin, savoir :

La tonne coûte à Sarrebruck		9f 50
Droits d'entrée et décime		1, 10
Droits de navigation.		
Canal des houillères :		
Partie prussienne, 14 kilomètres	0f, 14	6, 78
Partie concédée, 74 — à 6 c.	4, 44	
Canal de la Marne au Rhin, 220 —	2, 20	
Transport, 308 kilom. à 0f, 02 —		6, 16
Total (1)		23f 54

(1) Nous comptons 1 centime de droit par tonne et par kilom. pour le transport de la houille sur le canal de la Marne au Rhin, parce que c'est le droit en ce moment appliqué sur le canal du Rhône au Rhin. Nous portons le même prix sur la partie prussienne du canal des houillères, parce que

A l'expiration de la concession à intervenir pour l'exécution de la partie française du canal des houillères, ce prix de revient de la houille de Sarrebruck, rendue par canaux à Vitry, sera réduit de 3 fr. 70, et tombera par conséquent à 19 fr. 84.

Supposons maintenant que la houille doive être transportée de Sarrebruck à Vitry, par le chemin de fer, en admettant, comme il est dans tous les cas parfaitement rationnel de le faire, que l'embranchement de Metz est prolongé jusqu'à Sarrebruck.

La tonne prise à Sarrebruck, y compris frais et droits d'entrée, coûtera 10f 60

Le transport en chemin de fer sur 270 kilom., à 0 fr. 12 par kilom. (1), reviendra à 32, 40

Prix total de la tonne rendue à Vitry par chemin de fer 43f 00

dans les conférences intervenues à ce sujet, il a été réciproquement admis, sauf l'adhésion du gouvernement prussien, que le tarif du canal de la Marne au Rhin servirait de régulateur. La taxe de 6 centimes sur la partie à concéder du canal des houillères, est celle qui est demandée par les deux compagnies soumissionnaires.

Quant au fret nous le portons à 2 centimes parce qu'il s'agit d'une navigation exclusivement en canal sans aucune remonte de rivière, et qu'il s'agit de plus d'un transport de houille.

Nous ajouterons que nous regardons ce fret comme susceptible de réduction, et que le droit de *un centime* sur la houille nous paraît encore excessif eu égard à la position particulière de notre industrie.

(1) De Sarrebruck à Metz.	79	kilom.
De Metz à Frouard.	48	—
	127	—
De Frouard à Vitry	143	—
Total.	270	kilom.

Le prix de 12 centimes par tonne et par kilom. pour la houille est infé-

Mais, grâces à la décision des chambres, qui a admis dans tous les cas l'achèvement du canal de la Marne au Rhin jusqu'à Nancy, le chemin de fer de Sarrebruck à Frouard offre une autre combinaison, qui consiste à livrer les houilles au canal à Frouard même.

Cette combinaison donnera :

Pour le transport par chemin de fer de Sarrebruck à Frouard, 127 kilom. à 12 cent................. 15f 24

Transport par canal de Frouard à Vitry, 146 kil. à 0 fr. 02........ .... 2, 92

Droit de navigation sur le même............... 1, 46

Frais spéciaux de dépôt ou de magasinage à Frouard, le service des bateaux ne pouvant pas coïncider exactement avec celui du chemin de fer. 1, 00

Prix de la tonne de houille à Sarrebruck et droits d'entrée.. 10, 60

Prix total à Vitry avec transport, par chemin de fer et canal.......................... .... 31f 22

rieur à celui des tarifs les plus récents. Le chemin de fer de Strasbourg à Bâle maintient le prix de 12 1/2 centimes qui lui a été attribué par son tarif et sans y comprendre les frais accessoires de chargement, de déchargement, etc.

Il est essentiel de faire remarquer qu'il s'agit ici, non pas d'un *chemin houiller*, mais d'un long parcours sur un *chemin à grand trafic*, qui présentera des rampes assez fortes à faire gravir par les fardeaux. Ainsi, en sortant de Sarrebruck, le chemin de fer rencontrerait, d'après les dispositions du projet dressé par MM. les ingénieurs de la Moselle, une première rampe de 7 millimètres 1/2 de pente par mètre sur 5 kilom. Il trouverait encore avant Metz une autre rampe aux 5/1000. Des pentes au moins équivalentes seront nécessaires pour gravir des faîtes d'entre Moselle et Meuse, et d'entre Meuse et Ornain. Dans de telles conditions le service ne pouvant se faire qu'en petites charges ou avec des machines de renfort, ne permet pas d'espérer qu'on puisse ramener le prix du transport au-dessous de 12 centimes, surtout en y comprenant les frais accessoires de chargement et de déchargement.

Le transport opéré exclusivement par les canaux des houillères et de la Marne au Rhin, donnerait donc sur cette voie, mi-partie de fer et d'eau, une économie de 7 fr. 68 à 10 fr. 28 par tonne de houille de Sarrebruck rendue à Vitry.

Mais Vitry peut aussi tirer des houilles de la Belgique, en leur faisant suivre la Meuse, le canal des Ardennes, le canal de l'Aisne à la Marne et enfin le canal latéral à la Marne.

Le charbon de Liége, dit *tout venant de première qualité*, coûte la tonne	9f 00
Droits de douane	1, 10
Il a à remonter la Meuse sur 207 kilom. pour arriver à l'embouchure du canal des Ardennes. Cette remonte coûtera lorsque les travaux d'améliorations de la Meuse seront achevés 3 centimes par tonne et par kilom. (1), pour 209 kilom	6f 27
Droits de navigation en Belgique	0, 80
— — En France	0, 14
Déchargement et déchet	0, 30
Total à l'entrée du canal des Ardennes	17f 81
Transport en canal depuis la Meuse jusqu'à Vitry (2). 247 kilom. à 0 fr. 02	4, 94
Droits 247 kilom. à 0 fr. 01	2, 47
Prix total de la tonne rendue à Vitry	25f 22

(1) Ces renseignements sont extraits du *rapport sur le résultat commercial des travaux de la Meuse,* qui a été adressé à l'administration supérieure, par M. l'ingénieur en chef Thirion, qui a bien voulu nous communiquer son travail.

(2) On aura à parcourir :

Le canal des Ardennes sur	99 kilom.
— Latéral à l'Aisne —	16 —
— De l'Aisne à la Marne —	60 —
— Latéral à la Marne —	72 —
	247 —

Ce prix n'est que de 1 fr. 68 supérieur à celui qu'on obtient pour les charbons de Sarrebruck arrivant par le canal de la Marne au Rhin et le canal des houillères, pendant la durée de la concession de ce dernier; à l'expiration de cette concession la différence sera de 5 fr. 38. Ainsi la différence serait peu sensible à l'époque de l'ouverture du canal complet de Sarrebruck à Vitry. Toutefois elle sera encore un motif de préférence pour les houilles de Sarrebruck de premier choix et pour certaines qualités de fer, par cette raison que le voyage sera moins long pour elles, que pour celles de Belgique (les parcours sont respectivement de 308 et de 456 kilom.) et que les houilles de Liége auront à subir 209 kilom. de navigation en rivière, ce qui sera une chance d'irrégularité dans les transports. D'ailleurs, il sera éminemment utile à l'industrie de la Haute-Marne d'avoir ainsi à sa portée deux marchés de houille pour les modérer l'un par l'autre, et n'être pas exposée à subir la loi d'aucun des deux, la loi de la Belgique surtout, la rivale nécessaire de la Haute-Marne pour la fabrication du fer. Enfin pour tous les charbons destinés à la Meuse ou aux contrées situées à l'est de Vitry, les houillères prussiennes présenteront un avantage de plus en plus grand à mesure que l'on s'éloignera de Vitry qui est le point extrême de la ligne d'approvisionnement de la Haute-Marne, en venant de Sarrebruck.

Ainsi les houilles de Sarrebruck coûteront rendues à Vitry:

Par le chemin de fer passant par Metz, Frouard et Bar-le-Duc	43f,	la tonne.
Par le chemin de fer jusqu'à Frouard et le canal de la Marne au Rhin, à partir de ce point	31f,22	—
Par le canal des houillères et le canal de la Marne au Rhin, pendant la concession du canal des houillères	23f,54	—
Après la concession	19f,84	—

Mais les houilles belges reviendront sur le même point après l'achèvement du canal de l'Aisne à la Marne à. . . . . 25f,22 la tonne.

Ces chiffres démontrent que ce n'est pas entre le chemin de fer et le canal de la Marne au Rhin que la rivalité existe, pour l'approvisionnement en houille de la Haute-Marne; mais bien entre le canal de la Marne au Rhin et les canaux des Ardennes et de l'Aisne à la Marne.

Voyons maintenant ce qui se passera pour l'approvisionnement du Haut-Rhin, et prenons pour cela le centre industriel du département, Mulhouse. Approvisionnement du Haut-Rhin.

Mulhouse consomme presque exclusivement des houilles de St-Etienne ou de Rive-de-Gier.

Ces houilles se paient l'hectolitre, en moyenne.... 0f,55
Charge et transport en chemin de fer jusqu'à Lyon.................................... 0, 40
Le fret coûte par hectolitre de Lyon à Mulhouse, droits de navigation compris...................... 1, 45
Faux frais... .... 0, 10
Prix de l'hectolitre rendu à Mulhouse............ 2f,50

Le poids moyen de l'hectolitre pour la houille de manége, *menu rafort*, est de 85 kilogrammes. La tonne revient dès lors rendue à Mulhouse à 29f,41

Les houilles de Sarrebruck arrivant par le canal des houillères de la Sarre, le canal de la Marne au Rhin et celui du Rhône au Rhin, auront à parcourir en canaux 270 kilomètres et coûteront par tonne, rendue à Mulhouse :

Achat de la tonne........................... 9f,50
Droit d'entrée.............................. 1, 10
Droits de navigation :

A reporter........ 10f,60

Report........ $10^f,60$

Canal des houillères, { Partie prussienne. $0^f,14$ / Partie concédée... $4,44$ }
Canaux de la Marne au Rhin et du Rhône au Rhin, pour 182 kilom. .... 82 } 6 ,40

Transport en canaux 270 kilom. à $0^f,02$ .... 5 ,40

Total................. $22^f,40$

A l'expiration de la concession du canal des houillères ce prix sera réduit à. . . . . 18 fr. 70.

Veut-on maintenant faire faire ce service en chemin de fer, il y a deux combinaisons. C'est d'abord le chemin de Sarrebruck à Metz, avec lequel il faut compter parce que son exécution est certaine au point de vue de la circulation générale, comme complément indispensable du réseau national.

Or le chemin de fer de Sarrebruck à Metz venant reprendre à Frouard la ligne de Strasbourg et prenant à Strasbourg le chemin de fer d'Alsace, offrirait pour le transport des houilles de Sarrebruck à Mulhouse un parcours total de 390 kilomètres, qui à raison de 12 centimes par tonne et par kilom. (le chemin de fer d'Alsace prend encore pour la houille 12 centimes 1/2) coûterait . . . . $48^f, 80$

Achat de la houille et droits d'entrée . . . . . . 10 , 06

Prix de la tonne de houille de Sarrebruck rendue à Mulhouse en chemin de fer par Metz. . . . . $59^f, 40$

C'est plus du double du prix de revient actuel du charbon de St-Etienne. Ainsi le chemin de fer réduit à sa ligne principale en y comprenant le prolongement sur Sarrebruck ne porterait pas une tonne de houille à Mulhouse !

Le seconde combinaison consiste à rattacher les houillères de Sarrebruck au chemin de fer de Paris à Strasbourg par un rail-way spécial, qui irait se souder à Sarrebourg avec la voie principale. La longueur de cet embranchement serait d'au moins 70 kilom. Les houilles devraient alors parcourir en chemin de fer pour arriver à Mulhouse 246 kilom., qui à 12 centimes donneraient 29f,52

Achat de la houille et droits d'entrée 10f,60

Prix de la tonne rendue à Mulhouse, par l'embranchement de Sarrebruck à Sarrebourg et les chemins de fer de Strasbourg et de Bâle 40f, 12

Cette idée d'un chemin de fer direct de Sarrebruck à Sarrebourg n'a évidemment rien de sérieux et ne s'explique que par on ne sait quel besoin de diversion aux projets d'achèvement du canal de la Marne au Rhin. Ce chemin n'aurait pas en effet d'autre clientèle que les houilles à transporter vers l'Alsace dont le marché lui serait fermé par les houilles de St-Etienne. Il n'aurait ni voyageurs ni messagerie. Ce serait un *chemin exclusivement houiller* pour le seul approvisionnement de l'Alsace, et un *chemin houiller en remonte* sur tout le parcours de Sarrebruck à Sarrebourg. D'ailleurs il ne coûterait pas moins de 17 millions et demi avec son matériel. Ce serait beaucoup déjà pour le service presque unique auquel il serait destiné; mais ce service même il ne le ferait pas . Encore une fois cette combinaison n'a rien de sérieux !

La houille de St-Etienne coûte donc aujourd'hui par tonne rendue à Mulhouse. 29f,41

La houille de Sarrebruck y coûtera par tonne :

Par le canal des houillères et les canaux de la Marne au Rhin et du Rhône au Rhin pendant la concession du canal des houillères. 22f,40

Après la concession. 18f,70

La même houille voyageant en chemin de fer, coûterait à Mulhouse

1° Par le chemin de fer de l'Est avec le prolongement de Metz à Sarrebruck. 59f,40

2° Par le chemin de fer spécial de Sarrebruck à Sarrebourg et les chemins de fer de Strasbourg et de Bâle. . . . . . . , ... 40f,12

Ici encore, pour l'approvisionnement des houilles du Haut-Rhin, ce n'est pas avec le chemin de fer de Paris à Strasbourg que le canal de la Marne au Rhin est en rivalité ; c'est avec le canal du Rhône au Rhin ; et qu'on achève, ou qu'on n'achève pas le canal de la Marne au Rhin, le chemin de fer parallèle ne fera jamais les transports des houilles de Sarrebruck sur Mulhouse.

La question est donc de savoir si on veut, oui ou non, porter secours aux grandes industries de la Haute-Marne et du Haut-Rhin, qui sont gravement menacées par le prix élevé du combustible. Si tel est le but qu'on se propose, on ne l'atteindra qu'en reliant ces grands centres de productions avec le riche bassin houiller de Sarrebruck au moyen d'une voie navigable continue. Quant au chemin de fer, il ne sauvera rien sous ce rapport, puisqu'il laissera encore l'avantage du bas prix aux houilles belges d'un côté et à celles de St-Etienne de l'autre.

§ V.

Des Forêts des départements de l'Est.

La question des houilles conduit tout naturellement à celle des bois.

Le canal de la Marne au Rhin traverse la contrée la plus boisée du royaume. Les départements qui seront en rapport immédiat avec le canal renferment :

En bois domaniaux une superficie de (1).....	300504h, 37
En bois communaux.....................	455832, 26
Total.......	756336, 63

C'est à raison de 1200fr. l'hectare, fonds et superficie, une valeur capitale de.................... 907,603,956f, 00

A cela s'ajoutent 251000 hectares de bois particuliers dont la valeur capitale s'élève à............. 301,200,000f, 00

Il s'agit donc ici comme on le voit d'une valeur de plus de 1200 millions! Certes, c'est là un grand intérêt; mais pour l'Etat cet intérêt est double; car c'est l'obligation générale de l'Etat de chercher à accroître le capital national, sous quelque forme que ce capital se présente et en quelques mains qu'il se trouve placé. A cet égard tout ce qui tend à augmenter la richesse des particuliers, en tournant aussi au développement de la richesse publique, rentre dans les devoirs de l'Etat, et constitue l'un de ses premiers et de ses plus graves intérêts. Mais ici l'Etat ne se présente pas seulement comme la personnification de l'action et de la puissance publiques, il est encore directement intéressé d'abord en sa qualité de propriétaire à titre privé ou de personne civile, ensuite comme le tuteur des communes et des établissements de bienfaisance ou autres qui sont propriétaires de forêts et dont les revenus sont affectés à des services d'utilité générale.

Dans cette question du rapport des forêts de l'Est avec l'achèvement du canal de la Marne au Rhin, l'Etat ne doit donc pas être dirigé seulement par les vues générales qui président habituellement à ses déterminations, mais il doit être sollicité

(1) Nous devons une grande partie de ces documents à MM. les Conservateurs des forêts des départements de l'Est, et nous donnons aux pièces justificatives un résumé des tableaux qu'ils ont bien voulu nous adresser sur cet objet si important de nos recherches.

aussi par l'esprit de propriété ; il doit en un mot traiter l'affaire *animo Domini.*

Le revenu annuel moyen des bois domaniaux, dans les six départements qui seront plus particulièrement en rapport avec le canal de la Marne au Rhin, s'élève à 8,238,903f,66

Le revenu des bois communaux pour les mêmes départements est de....... .... 6,010,206 ,56

Mais ce dernier produit s'augmente des délivrances en nature qui sont faites aux communes et aux établissements publics, et qui s'élèvent encore à une valeur de plus de 6 millions. Ces délivrances devant se continuer en nature, il n'y a pas lieu d'en tenir compte ici.

Produit total annuel des coupes vendues.. 14,249,110f,22

Or ce revenu considérable est en ce moment gravement compromis.

Le grand débouché des forêts de l'Est était dans les forges fabriquant au bois, mais elles meurent à ce régime; il faut qu'elles se transforment ou qu'elles succombent. En attendant, les coupes de l'Etat et des communes se vendent avec plus de difficulté et à des prix décroissants d'année en année. Les bois se déprécient et ils ont subi depuis 2 ans une perte d'environ 20 p. 0/0 sur leur valeur vénale.

Il y a donc urgence de procurer aux produits des coupes des débouchés nouveaux pour remplacer ceux que les forges ne peuvent plus leur offrir. Or ces débouchés viendront aux forêts en même temps que le secours si indispensable aux forges et par la même voie, par le canal de la Marne au Rhin, qui portera aux forges la houille à bas prix, et qui étendra d'une manière presque indéfinie le marché où se consomment les produits des bois domaniaux de l'Est.

Le canal de la Marne au Rhin est parfaitement placé pour servir à l'exploitation des principaux groupes de ces forêts. Coupant, comme nous l'avons dit, les rivières qui descendent du versant septentrional des Vosges, il pourra recevoir directement le flottage de la Sarre, celui de la Meurthe et celui de la Moselle, et par conséquent celui de tous les cours d'eau qui forment ces artères principales.

Le flottage de la Meurthe dont les affluents plongent dans les gorges les plus boisées des Vosges est très-considérable.

Les arrivages à Nancy s'élèvent, année commune, à 3 millions de planches et à 24,000 stères de bois débité.

Ces produits s'expédient pour une grande partie de Nancy ou de Pont-à-Mousson vers la Champagne et vers Paris. Les expéditions pour Paris sont transportées par terre jusqu'à St-Dizier, où elles prennent la Marne. Les expéditions pour Rheims, qui sont aussi fort importantes, ne quittent pas la route de terre.

On envoie ainsi, année commune, vers la Champagne ou Paris, 1500,000 planches larges, pesant à 1600 kilog. le 0/0 .... 24,000 tonneaux

et environ 10000 stères de bois débité ou. 7,000 —

C'est un transport actuel de........... 31,000 tonneaux

Le surplus des arrivages à Nancy qui n'est pas absorbé par la consommation locale continue sa route par la rivière jusqu'à Metz, et par Metz vers Trèves et la basse Moselle.

Ces expéditions vers la Champagne et Paris ne comprennent pas les produits des forêts qui versent directement dans la Moselle au-dessus de Toul, non plus que ceux des forêts de la Meuse et de la Haute-Marne, qui, quoique plus rapprochées de la capitale, doivent pourtant y expédier moins de bois que les forêts de la vallée de la Meurthe.

Sans doute la décision des Chambres qui admet l'achèvement du canal jusqu'à Nancy, sauve déjà les rapports du flottage de la Meurthe avec la Champagne et Paris, et assure ainsi un vaste débouché aux forêts à desservir par cette partie du canal. Mais, en s'arrêtant à Nancy, il y a un groupe considérable de forêts qui se trouve sacrifié et c'est précisément celui qui a le plus besoin de débouchés.

Ce groupe est formé principalement des forêts des arrondissements de Château-Salins, de Sarrebourg, de Sarreguemines et de Saverne. Ces trois arrondissements comprennent ensemble une superficie de, savoir :

En bois domaniaux	96460h,30
Et en bois communaux	30240, 09
Total.............	126700h,39

Là, les massifs de forêts les plus considérables sont directement atteints par les deux canaux, tracés sur une grande partie de leur développement dans les gorges les plus boisées ; et les rivières flottables de la Sarre, de la Bièvre et de la Zorn, coupées par le canal principal, peuvent y verser, sans aucun intermédiaire, leurs produits.

Or, en consultant le tableau n° 19 des pièces justificatives, on verra quelle différence existe entre la valeur vénale du bois pris dans la coupe, dans les quatre arrondissements dont il s'agit, et dans ceux qui ont à leur portée des centres de consommation ou des débouchés d'une certaine étendue. Les prix varient d'après ces circonstances, de 4 à 10fr. pour les bois de chauffage, et de 15 à 40fr. pour les bois de construction. D'ailleurs c'est le point où l'Etat éprouve le plus de difficultés pour la vente régulière de ses coupes. En présence de tels faits, il n'est pas permis de douter que le canal de la Marne au Rhin et son embranchement sur Sarrebruck augmenterait, terme moyen, d'au moins 30 p. 0/0 le produit annuel des ventes de coupes dans le groupe forestier dont il s'agit.

Ce produit, en prenant la moyenne des trois années 1841, 1842 et 1843, est :

Pour l'arrondissement de Château-Salins, de		331,160f 00
—— de Sarrebourg	—	339,895, 67
—— — Saverne	—	615,150, 33
—— — Sarreguemines	—	236,496, 02
Total pour les bois domaniaux	—	1,742,652f 42
Les ventes de coupes de bois communaux se sont élevées pour ces trois années à 488,627f 75. Ce qui donne pour moyenne....		207,267f 68
Produit total..........................		1,949,920f 00

Une amélioration de 30 p. 0/0 sur un pareil produit donnerait une somme annuelle de 584,976 fr., qui représente à 3 p. 0/0 le revenu d'un capital foncier de près de 20 millions.

Or la dépense qu'imposerait à l'Etat l'achèvement complet du canal jusqu'à Strasbourg, ne s'éléverait en tout qu'à la somme de.......................... 13,086,833f 75.

Ainsi l'accroissement de produit des forêts domaniales et communales des seuls arrondissements de Château-Salins, de Sarrebourg, de Sarreguemines et de Saverne, ferait plus que couvrir la dépense d'achèvement du canal.

Mais ce n'est pas tout, cette plus value s'étendrait encore aux arrondissements limitrophes, de Lunéville, de Schelestadt et de Strasbourg. Elle porterait surtout sur les belles futaies qui forment les quatre cinquièmes de la contenance des forêts domaniales et communales de la conservation du Bas-Rhin, et en un mot, sur les richesses immenses qui bordent toute la ligne et qui, faute de débouchés, sont presque complétement perdues, ou au moins ne donnent que des produits insignifiants auprès de ceux qu'on en devrait obtenir. Ainsi on découpe, on hache, pour en faire du chauffage, de belles futaies de hêtre, qui auraient une bien autre valeur débitées pour ouvrages de boisselleries, jantes de roues, sabottage, etc. Des bois de chêne d'excellente qualité, des sapinières magnifiques sont presque sans emploi, faute d'une large issue donnée à leurs produits.

Nous regrettons de ne pouvoir entrer à ce sujet dans des détails circonstanciés de chiffres, mais les renseignements qui nous ont été fournis par MM. les conservateurs des forêts, ne nous permettent pas de douter que le gouvernement et les chambres ne trouvent près de l'administration forestière des documents décisifs sur la valeur du canal dans ses rapports avec les forêts de l'Est; et quiconque étudiera sérieusement à ce point de vue la question, arrivera infailliblement à ce résultat que l'accroissement de produit et de valeur des seules forêts domaniales de l'Est couvrira, et fort au delà, la dépense qui reste à faire pour la prolongation du canal jusqu'à Strasbourg, et qu'ainsi l'Etat ferait une excellente affaire comme propriétaire, quand il n'achèverait le canal qu'à ce seul titre et abstraction faite de toute autre considération. C'est ainsi que la grande propriété a compris dès le principe en Angleterre son intervention dans la construction des canaux, et voilà comment le système s'en est si rapidement développé. L'Etat en France ne doit pas traiter ses intérêts fonciers avec moins de sagacité et de prévoyance.

Des approvisionnements de la marine dans les départements du Nord-Est.

Encore un mot sur ce point! Les départements de l'Est fournissent des bois à la marine royale. Ceux qui proviennent de la Meuse gagnent la Seine par le canal des Ardennes et sont livrés à Brest. Le Bas-Rhin expédie les siens par le canal du Rhône au Rhin vers Toulon. On ne tire rien des Vosges et du Haut-Rhin. Quant aux départements de la Meurthe et de la Moselle ils doivent fournir 1,500 stères par année.

Ces bois sont flottés sur la Sarre, la Meurthe et la Moselle; ils descendent cette dernière rivière jusqu'à Coblentz, puis prennent le Rhin jusqu'à Dordrecth. Le flottage sur le Rhin ne peut pas se faire avec des tonneaux, on y supplée par des pièces de sapin des Vosges, qui soutiennent les radeaux de chêne. Ces sapins, qui ne peuvent pas entrer en concurrence avec ceux du Nord et ceux de la forêt Noire, sont vendus à vil prix à Dordrecth. Ce port n'est pas fréquenté par des bâtiments français; c'est donc par navires étrangers que les bois sont expédiés sur Rochefort. Chemin faisant, ils ont acquitté sur le Rhin des droits s'élevant à environ 5 fr. par stère qui sont perçus par la Prusse et la Hollande.

Ainsi des bois provenant de départements français et en général des forêts de l'Etat, et qui sont destinés à la marine royale française, paient un tribut à la Prusse et à la Hollande pour traverser leur territoire, et arrivent sous pavillon étranger dans le port français où ils doivent être employés !

Sans doute cette marche plus que bizarre ne s'applique qu'à 1,500 stères chaque année, et nous le croyons bien. Notre marine ne s'enrichirait pas si elle prenait à pareil compte tout ce qu'elle pourra extraire un jour des forêts de l'Est; et elle ne voudrait pas d'ailleurs faire dépendre de vastes approvisionnements du bon vouloir de nos voisins, et les mettre dans toutes les circonstances possibles sous leur sauve-garde. Un pareil chemin imposé à nos bois de marine, prouve seulement que ces vastes forêts ne sont aujourd'hui à peu près d'aucun secours à l'entretien de notre flotte. Le canal de la Marne au Rhin terminé, elles seront au contraire parfaitement placées pour approvisionner à la fois, Brest, Rochefort et Toulon.

Bois destinés construction des chemins.

Et pour les chemins de fer eux-mêmes, n'est-ce donc rien que de mettre ce riche groupe forestier en communication facile par eau avec les départements de l'Ouest, avec ceux du Nord et avec le Midi. Les chemins de fer consomment des masses considérables de bois. Les nôtres n'en sont pas encore au renouvellement des billes ou traverses, mais ce renouvellement va venir, et il coïncidera avec les réparations des ouvrages en charpente et avec les autres travaux neufs qu'exigera l'extension du réseau de nos rail-ways. Cela vaut bien qu'on y pense. Ce n'est pas chose insignifiante que d'avoir à sa disposition pour pourvoir à de pareils besoins, un million d'hectares de plus de bois en communication directe avec les plus belles lignes navigables du royaume!

§ VI.

Des principales branches d'industrie dans les départements à desservir par le canal de la Marne au Rhin.

Nous avons déjà parlé, à l'occasion du transport des houilles, de la situation des forges du Nord-Est et de celle de l'industrie du Haut-Rhin.

1° Industrie de Mulhouse.

Il ne faut pas se le dissimuler, les énormes capitaux employés en usines et en machines à Mulhouse, dans le Haut et Bas-Rhin, et dans les industrieuses vallées du versant oriental des Vosges, sont chaque jour plus gravement compromis par les conditions des transports et particulièrement par celles des approvisionnements en combustible minéral. Jusqu'à présent une supériorité incontestable de fabrication et le bas prix de la main-d'œuvre ont bien pu permettre à Mulhouse de soutenir une lutte très-inégale sous tous les autres rapports, mais si l'intelligence, le goût et tout ce qui constitue la plus grande aptitude industrielle, sont des moyens assurés de succès, ce sont là des qualités que la lutte même tend à développer et à propager chez tous les concurrents, et la supériorité qu'elles établissent entre les produits, a besoin pour se maintenir d'être soutenue par la condition matérielle du bas prix. D'ailleurs les prix de main-d'œuvre tendant à se niveler, et l'esprit de locomotion atteignant la classe ouvrière comme les autres classes de la société, si l'industrie mulhousienne n'a pour se soutenir que cet appui précaire et transitoire elle finira par succomber.

Sa plus belle, sa meilleure chance aujourd'hui est donc dans la jonction immédiate de Mulhouse avec les houillères de la Sarre par une voie navigable continue. C'est en un mot l'exécution du canal de la Marne au Rhin et de son embranchement sur Sarrebruck.

Aucune industrie n'est en ce moment plus digne de la sollicitude du gouvernement, que celle des fers dans les départements du Nord-Est. Le dernier compte rendu des travaux des ingénieurs des mines signale toute son importance. On y voit en effet, que la valeur créée en 1842 par la fabrication et les élaborations principales de la fonte et du fer, a été, savoir : 3° Fers et fontes.

Pour la Haute-Marne, de.............	11,889,156f 00
— La Meuse.....................	5,344,706, 00
— La Moselle....................	9,173,161, 00
— La Meurthe....................	251,887, 00
— Les Vosges....................	3,626,917, 00
— Le Bas-Rhin....................	1,610,985, 00
Total....................	31,896,812f 00

La production totale pour l'ensemble du royaume s'est élevée pour la même année à une valeur de 148,074,900f 00

Les départements à desservir par le canal de la Marne au Rhin, entrent donc pour 22 p. 0/0 dans le produit de la grande industrie du fer en France.

Or, à part quelques usines dans une position exceptionnelle, comme celles de la basse Moselle, toutes les forges du Nord-Est, depuis la Marne jusqu'au Rhin, sont dans un état déplorable. La lutte évidemment n'est plus possible dans les conditions actuelles, et il y a danger imminent d'une ruine absolue. Déjà plusieurs propriétaires dont le patrimoine est suffisant pour leur permettre de suspendre leurs opérations commerciales, ont éteint leurs feux et mis leurs usines en chômage. Ceux qui continuent sont en général trop fatalement engagés pour pouvoir s'arrêter. De là ces faillites qui se succèdent avec une effrayante rapidité, et ce complet discrédit dans lequel végètent la plupart des usines qui ont résisté jusqu'ici.

Si le canal de la Marne au Rhin était aujourd'hui terminé, et si sa liaison avec les houillères était complète, il aurait déjà épargné au pays de grandes catastrophes. Qu'il tarde encore à se finir ; ou ce qui revient au même, qu'il s'arrête à Nancy ; et la plus grande partie des usines à fer des départements de l'Est auront bientôt disparu sans retour !

3° Salines. Les exploitations de mines de sel gemme et des sources salées dans la Meurthe et dans la Moselle ont une importance considérable.

La Meurthe a produit en 1842 : 292,337 quintaux de sel d'une valeur totale de (1)................ 2,876,596f,00

Les produits de la Moselle ont été de 34,793 quintaux valant......................... 455,092 ,00

Total......................... 3,331,688 ,00

La valeur totale du sel produit en France s'étant élevée pour la même année à................ 14,889,451f 00

La production de la Meurthe et de la Moselle représente les 22/100 de la production totale du royaume.

Mais la quantité de sel fabriqué a encore augmenté depuis 1842.

La saline de Dieuze en a produit en 1843, 279,933 qx mét.
Celle de Salzbronn.................. 68,951 —
Celle de Saléaux.................. 4,000 —
Poids total fabriqué en 1843.......... 352,884 qx mét.

C'est 60,000 quintaux de plus qu'en 1842.

Enfin, la fabrication de 1844 s'est encore accrue : 1° de celle des salines nouvellement ouvertes,

(1) Compte rendu des travaux des ingénieurs des mines en 1843.

De Sarralbe pour.................... 7,500 q^tx^ mét.
Du Haras.......................... 1,700 —
2° Du développement donné à la fabrication de l'usine de Saléaux................ 4,700 —
Accroissement total.............. 13,900 q^tx^ mét.

La fabrication du sel dans la Meurthe et la Moselle s'élève donc en ce moment à un poids total de plus de 36,600 tonnes!

La consommation du charbon minéral dans les salines dépasse 25,000 tonnes!

La grande saline de Dieuze communiquera avec le canal des houillères par un très-court embranchement formé surtout d'une portion de l'ancien canal des salines. Les salines de Sarralbe et de Salzbronn sont placées sur le bord du même canal des houillères. La saline de Saléaux est toute voisine du canal de la Marne au Rhin. Ainsi toutes les expéditions des salines et tous leurs approvisionnements qui se font aujourd'hui par terre prendront la nouvelle voie navigable.

En ce moment, la seule saline de Dieuze expédie sur Strasbourg 4,000 tonnes de sel. Elle envoie dans la direction de Paris, en prenant Châlons-sur-Marne comme distance moyenne, 3,200 tonnes. La consommation devra nécessairement s'accroître dans une très-grande proportion, quand le prix du transport qui forme ici la plus forte partie du prix total aura baissé de 90 p. 0/0.

4° Produits chimiques.

A la saline de Dieuze est annexée une grande fabrique de produits chimiques. Ces produits sont dirigés sur Paris et sur Strasbourg, ou consommés dans les départements de l'Est pour les verreries, les glaceries, les papeteries, etc. Les expéditions sur Paris s'élèvent à................ 1,500 tonnes.
Celles sur Strasbourg à................ 1,000 —
Dieuze reçoit de Paris, en soufre, nitrate de soude, étain, plomb, etc.................. 1,600 —
Total.................... 4,100 tonnes.

La consommation de la Meurthe, de la Moselle et des Vosges n'est pas comprise dans ce chiffre.

Il existe dans l'Est d'autres établissements de produits chimiques. Nous devons particulièrement mentionner celui de Bouxwiller qui fabrique de l'alun, du prussiate de fer, du prussiate de potasse, du sel ammoniac, de la colle d'os, etc. Ses produits s'élèvent annuellement à 2,000 tonnes, dont 1,500 sont expédiées dans la direction de Strasbourg, et 500 dans celle de Paris.

Bouxwiller consomme par an 4,000 tonnes de matières premières, telles que déchets de corne, chiffons de laine, savates, déchets de cuir, potasse, os et acide muriatique. Tout cela arrive à l'usine par terre, aussi bien que 1,000 tonnes de houille de Sarrebruck. Le surplus du combustible consommé provient des mines de lignite qui existent à Bouxwiller même.

C'est encore là une fabrication dont les produits et les matières premières sont repoussés par les chemins de fer, et qui doit prendre un grand accroissement aussitôt qu'elle sera mise en possession d'un bon système de navigation. On sait d'ailleurs quelle est son influence sur un grand nombre d'autres industries.

5° Verreries, cristalleries et glaceries.

Consultons encore le dernier compte rendu des travaux des ingénieurs des mines, nous y trouverons que la valeur totale créée en France en 1842 par les verreries, les cristalleries et les fabriques de glaces, s'est élevée à..... 32,711,545f 00

Là-dedans :

La Meurthe figure pour	5,612,000f 00
La Meuse pour	302,306, 00
La Moselle pour	1,866,420, 00
Les Vosges pour	249,024, 00
Le Bas-Rhin pour	81,000, 00
Total	8,110,750f 00

C'est le quart de la production totale du royaume.

Prenant à part la Meurthe et la Moselle, on voit que leur production s'élève à. 7,478,420f 00

Or, où se trouvent les manufactures qui apportent cet énorme contingent dans la fabrication commune? Précisément dans les arrondissements de Lunéville, de Sarrebourg et de Sarreguemines, c'est-à-dire dans ceux qui seront déshérités, si le canal est supprimé à partir de Nancy avec son embranchement de la Sarre.

Quelles sont d'ailleurs les matières premières? Ce sont le sable, la soude, la potasse, la chaux, la craie, le verre cassé, la terre à creuset et enfin le minium. Les grandes manufactures de glaces de Cirey et de Saint-Quirin et la cristallerie de Baccarat font venir de la Champagne le sable qu'elles consomment. Les autres fabriques le tirent du Palatinat, malgré la supériorité du sable de Champagne et à cause de la surcharge d'un plus long transport par terre. L'économie du transport sera du côté du canal, qui s'appropriera nécessairement tous les approvisionnements de cette fabrication, et qui en augmentera considérablement l'activité. C'est l'opinion de tous les chefs d'établissements que nous avons consultés.

6° Faïenceries et poteries.

Nous n'avons pas de chiffres exacts à produire sur cette fabrication. Mais son importance est grande, particulièrement dans les arrondissements de Lunéville, de Sarrebourg et de Sarreguemines. Cette dernière ville possède une des faïenceries les plus renommées du royaume. Ses produits s'expédient sur Lyon et sur Paris. Le canal des houillères passera dans la cour même de l'usine et la mettra ainsi en communication directe par eau avec ces deux grands centres de consommation.

7° Papeteries.

Il en existe plusieurs dans la Meurthe et dans la Moselle,

mais c'est dans les Vosges que la fabrication du papier a reçu le plus grand développement.

Le département des Vosges expédie sur Paris 25,000 quintaux métriques de papier par an. Ces expéditions se feront un jour, ou par le canal, ou plus probablement par le chemin de fer que les provenances des Vosges prendront ou à Nancy ou à Lunéville. Mais les matières premières qui consistent en chiffons, en résine, en manganèse et en produits chimiques, et qui forment une masse de près de 40,000 quintaux, arriveront en grande partie par le canal, qui amènera aussi les houilles nécessaires à l'alimentation des générateurs, et qui donnera ainsi par le bas prix du transport une nouvelle impulsion à la fabrication.

Nous pourrions étendre cette nomenclature, mais nous croyons devoir nous borner à ce qui constitue la grande production dans les départements traversés ou desservis par le canal, et surtout aux industries qui peuvent, au moins pour l'approvisionnement de leurs matières premières ou de leur combustible, recevoir de son exécution un secours efficace et une impulsion réelle.

Nous pourrions insister aussi sur l'action que devra avoir le canal pour le développement des intérêts agricoles, à travers des contrées où sont acclimatés tous les genres de production, où de riches prairies couvrant le fonds des belles vallées de la Meuse, de la Moselle et de la Meurthe, sont séparées par d'excellentes terres labourables, des vignes qui occupent les flancs des coteaux, couronnés eux-mêmes par de magnifiques forêts. Mais qu'il nous suffise de rappeler à ce sujet que nulle part en France les céréales ne sont à aussi bas prix que dans les départements de la Moselle et de la Meurthe.

§ VII.

Matériaux de construction.

La position du canal de la Marne au Rhin pour le service des matériaux de construction mérite une attention particulière.

En quittant à Vitry les craies de la Champagne et en s'avançant sur la ligne même du canal, on traverse successivement tous les étages du terrain jurassique, et d'abord les trois étages du système oolithique, qui occupent tout l'intervalle entre Bar-le-Duc et Nancy. Parvenu dans la vallée de la Meurthe, on trouve le calcaire à gryphées qui produit les excellentes chaux hydrauliques connues sous le nom de chaux de Metz.

On traverse ensuite pour atteindre le bief de partage des Vosges, les marnes irrisées, puis le muschelkalk qu'on quitte un peu au-delà de Sarrebourg, pour entrer dans le grès bigarré et le grès vosgien.

C'est dans ces derniers terrains que le canal et le chemin de fer passent sous le faîte des Vosges, à travers de magnifiques et inépuisables carrières, pouvant donner de la pierre de taille de toutes les dimensions et pour tous les usages.

Le muschelkalk fournit d'excellents moellons de parement et des matériaux d'une nature exceptionnelle par ses bons résultats pour l'entretien des routes.

Les marnes irrisées sont dépourvues de bonnes pierres pour les constructions, mais elles renferment des gypses, dont l'emploi s'accroît chaque jour davantage dans la Meurthe pour la fabrication du plâtre.

On n'a pas besoin d'insister sur l'utile emploi des chaux de qualité supérieure des environs de Nancy.

Enfin, dans tout le système oolithique qu'il faut franchir pour retourner de Nancy vers la Marne, les matériaux abondent, mais ce n'est que par exception qu'on rencontre des calcaires pouvant donner de la chaux hydraulique, et des pierres qui résistent suffisamment à la gelée pour être employées en parement. Les accidents survenus à un grand nombre d'anciennes constructions publiques, particulièrement dans la partie occidentale du département de la Meurthe, accusent cette rareté des bons matériaux, qui a été une cause grave d'augmentation de dépense pour la confection du canal sur ce point.

Quant aux craies de la Champagne, qui ne sait qu'elles sont complétement dépourvues de toutes ressources sous ce rapport?

Ainsi absence complète à l'une des extrémités de la ligne, abondance et richesse à l'autre extrémité; voilà en deux mots la situation du canal, eu égard au service des matériaux de construction. C'est-à-dire, que ce service amènera forcément sur le canal une circulation considérable, dont la fréquentation actuelle des routes ne peut en aucune façon donner l'idée.

§ VIII.

De la proposition d'arrêter le canal de la Marne au Rhin à Nancy.

Qu'est-ce donc que le canal de la Marne au Rhin?

C'est d'abord la seule ligne de transit qui puisse lutter avec une large certitude de succès contre toutes les lignes étrangères, pour les rapports de l'Allemagne centrale avec l'Océan. C'est, nous le répétons, un bras détaché du Rhin à Strasbourg et courant droit sur le Hâvre; c'est, en un mot, le Hâvre prenant à coup sûr et par la force des choses, pour tout le Rhin supérieur, le rôle de Rotterdam et d'Anvers!

Le canal de la Marne au Rhin, c'est avec l'embranchement de Sarrebruck, la liaison assurée de Mulhouse avec les houillères de la Sarre; c'est l'appui le plus efficace, le plus énergique et en même temps le plus indispensable, qui puisse être donné à l'industrie du Haut-Rhin.

C'est avec le même embranchement, le salut des forges de la Meuse et de la Haute-Marne; et si, sous ce rapport, il vient trop tard pour sauver tout ce qui est en ce moment compromis, en rattachant par un lien nécessaire, que rien ne saurait suppléer, le bassin houiller de Sarrebruck, l'un des plus riches de l'Europe, avec les riches minières de l'Est, il conservera du moins la grande industrie du fer au pays où elle est acclimatée et où elle a connu des jours si prospères.

Le canal de la Marne au Rhin, c'est l'issue nécessaire des grandes forêts domaniales et communales de l'Est, dont les revenus déclinent et dont la valeur vénale se déprime sous l'influence de la souffrance générale de toutes les industries, et du besoin qu'elles éprouvent de substituer partout la houille au combustible végétal.

C'est une voie commerciale ouverte à une contrée qui en est totalement dépourvue, dont les cours-d'eau pendent vers l'étranger et sont barrés par la frontière, et qui pourtant est en tête de la production du royaume pour tous les genres d'industrie auxquels elle s'est adonnée.

C'est enfin une voie indispensable à la répartition des richesses géologiques, en excellents matériaux de construction, qui abondent à une extrémité de la ligne et manquent totalement à l'autre.

Voilà en résumé le tableau, forcément incomplet, du canal de la Marne au Rhin. Que nous n'y ajoutions pas une appréciation détaillée du tonnage, on le concevra. Quel que soit le chiffre qu'on déduise sous ce rapport de l'état actuel des choses, on peut être certain de rester fort en dessous de la vérité. Car dans de telles circonstances et avec de pareils éléments de succès, c'est à côté des canaux les plus chargés et les plus fréquentés de l'Europe que le canal de la Marne au Rhin doit être placé. Ce qu'on peut affirmer, c'est que le tonnage de 188,600 tonneaux effectifs, qui forme actuellement le mouvement parallèle à la direction du canal dans la Meurthe, et qui doit se répartir entre le canal et le chemin de fer, ne représente qu'une très-faible partie du mouvement futur; puisque dans ce chiffre ne figure pas l'influence du canal sur le transit; puisque les houilles et les matériaux de construction n'y entrent que pour des quantités minimes, et puisqu'enfin le canal doit faire succéder l'énergie et la vigueur à l'état de souffrance des principales branches de l'industrie locale.

Valeur commerciale du canal entre Nancy et Strasbourg.

Maintenant voudra-t-on encore arrêter le canal de la Marne au Rhin à Nancy ? Mais c'est la tête et le cœur qu'on veut lui prendre !

Mais votre ligne de transit est alors rompue, mutilée, annulée !

Mais la grande industrie de Mulhouse est sacrifiée, car c'est une communication navigable avec les houillères de la Sarre qu'elle réclame, et c'est précisément cette communication que vous supprimez.

Mais les forges de la Meuse et de la Haute-Marne qui succombent les unes après les autres, n'ont de salut à espérer que par la création du canal de Nancy à Sarrebruck ! En leur enlevant cela vous leur enlevez tout ! Et dans de pareilles circonstances, c'est presque une dérision que d'élargir leur débouché du côté de Paris ? Qu'elles vivent donc d'abord; or ce qu'il leur faut pour vivre c'est la houille au plus bas prix possible. C'est en un mot *la houille de Sarrebruck par une voie navigable.*

Mais c'est encore dans cet intervalle de Nancy à Strasbourg que se trouvent, avec le riche bassin houiller de la Sarre, les forêts de l'Est, dont les produits sont le plus compromis par la difficulté des débouchés, et qui doivent recevoir de l'exécution du canal la plus grande augmentation de valeur ; c'est là qu'existent les salines, les verreries, les cristalleries, les fabriques de glaces, de faïence, de produits chimiques. Enfin, c'est là que se rencontrent les richesses les plus précieuses en matériaux de construction.

En un mot, c'est surtout entre Nancy et Strasbourg que sont accumulés tous les produits qui font par leur nature l'aliment de la circulation sur les voies navigables.

Quels motifs feraient donc supprimer le canal au delà de Nancy ?

Influence du canal sur le trafic du chemin de fer.

Ce ne sera plus, nous l'espérons, la crainte de nuire au trafic du chemin de fer en lui enlevant une partie de sa clientèle. On a témoigné souvent des doutes sur l'alimentation future du chemin de fer de Paris à Strasbourg. Combien de fois n'a-t-on pas dit que c'était un chemin exclusivement stratégique, et qu'on ne trouverait pas de Compagnie qui voulût le soumissionner; et voilà qu'il s'en présente au moins deux, qui n'ont pas attendu pour se produire que le canal fût menacé. Mais ce qui vaut mieux que la confiance des Compagnies soumissionnaires, c'est l'évidence de ce fait que le plus mauvais service à rendre aux futurs concessionnaires du chemin de fer, ce serait d'entraver la production dans la contrée même qui doit donner au rail-way le mouvement et la vie; ce serait de tarir la source la plus féconde de ses produits, en comprimant le développement nécessaire des industries dévolues à la partie profitable de son trafic. Si on a douté de l'alimentation de ce trafic, c'est qu'on n'avait que des idées fort imparfaites de la puissance productive des départements du Nord-Est, et il est clair que le doute n'aurait pas été possible s'il s'était agi de faire aboutir le rail-way à une contrée d'immense activité industrielle. Or, la Haute-Alsace en est déjà là. Quant à la Lorraine, ce qu'elle est aujourd'hui dit assez ce qu'elle deviendra lorsqu'elle sera mise en possession des ressources naturelles, comme les houilles de la Sarre, qui sont à sa portée, et dont elle n'aura la libre disposition que par l'exécution du canal de la Marne au Rhin. Après tout, ce qu'on veut, c'est un chemin de fer productif; qu'on développe donc la production dans les pays qu'il traverse!

Serait-ce donc l'économie qui ferait supprimer le canal? Faisons le compte.

Appréciation de l'économie proposée.

Le canal de la Marne au Rhin, s'il est terminé dans un délai de trois ans, coûtera en tout 75 millions. Il n'était estimé qu'à 45 millions, c'est vrai! Et l'administration a en main tout ce qu'il faut pour justifier cette différence. Nous dirons seulement que la valeur de la main-d'œuvre, pour tout ce qui concerne l'exécution des grands travaux publics, a augmenté de près de 60 p. 0/0 dans la Meurthe depuis la rédaction des projets, et que comme le prix de la journée de travail serait après tout une unité assez sûre pour estimer la valeur de l'argent employé à ces grandes entreprises, ce qui était estimé à 45 millions il y a dix ans, doit en couter 72 aujourd'hui. Voilà une des causes d'augmentation; elle tient au vaste développement qu'ont pris dans ces derniers temps les grands travaux de l'Etat et ceux de l'industrie particulière. Elle est la conséquence du progrès de l'activité générale et de l'accroissement de la richesse publique. Si de pareils mécomptes sont regrettables, on doit du moins se féliciter de ce qu'ils soient produits par de pareilles causes (1).

(1) A ce sujet, nous éprouvons le besoin de nous expliquer sur un autre genre de reproche adressé à l'administration. On s'est vivement plaint de ce qu'elle avait fait commencer les travaux sur plusieurs points à la fois, de telle sorte que lorsqu'il s'est agi de les abandonner, on s'est trouvé fort désappointé de voir qu'aucune partie du canal ne se prêtât à cette mesure inattendue sans une grande perte pour l'Etat. Le fait est que si l'administration avait commencé le canal pour ne pas le finir, elle ne pouvait pas plus mal procéder que de ne pas ménager à l'avance une espèce de part au feu. Mais le devoir de l'administration l'obligeait à prendre au sérieux la loi qui ordonnait l'exécution du canal de la Marne au Rhin, et avec la loi même son commentaire obligé, c'est-à-dire, la discussion à laquelle elle avait donné lieu dans le sein des chambres. Or, qu'on veuille bien se reporter à cette discussion, et on verra que la chambre des députés, notamment, avait formellement entendu que le canal de la Marne au Rhin serait poussé avec une grande vigueur, et qu'elle en avait fait une sorte de mise en demeure pour l'administration. Celle-ci a accepté le défi, et on sait assez que ce n'est pas d'elle qu'il a dépendu que l'expérience ne fut pas aujourd'hui complète. Quoi qu'il en soit le canal de la Marne au Rhin, qui réunit cinq vallées principales avec deux biefs de partage, forme en réalité deux canaux distincts; l'un de la Marne à la Moselle, en passant par-dessus la Meuse; l'autre de la Moselle au Rhin, en passant par dessus la Sarre. Ç'aurait été une question grave que de décider lequel de ces deux canaux aurait la priorité; mais ce qui ne faisait pas question, c'est qu'il fallait environ six années pour exécuter dans des conditions de dépenses abordables les deux biefs de partage, avec les souterrains et tranchées qu'ils comportent, à Mauvages d'un côté, et au col de Hommarting ou d'Arschwiller de l'autre. Or, comme l'achèvement du bief de partage d'un canal domine l'usage de ses versants, il s'ensuit que si on avait attendu pour commencer *le canal entre Nancy et Strasbourg*, que *le canal de Vitry à Nancy* fût terminé, on aurait attendu six années et qu'il en aurait fallu six autres pour compléter l'œuvre. L'exécution successive entraînait donc

Quoi qu'il en soit la dépense totale du canal se divise ainsi :

Partie comprise entre Vitry et Nancy, qui, aux termes de la dernière décision des chambres sera exécutée dans tous les cas.............................. 47,792,004f 57

Partie comprise entre Nancy et Strasbourg, dont les travaux sont actuellement suspendus 27,207,995, 43

Total.................. 75,000,000f 00

Mais les travaux faits entre Nancy et Strasbourg, et par conséquent dans la partie suspendue, ont déjà coûté. 12,974,106f 90

D'ailleurs si la suppression du canal dans cette partie est définitivement ordonnée, on devra encore faire en travaux et en indemnités de terrains et autres, une dépense de.. 1,147,054, 78

La dépense en pure perte pour la portion du canal abandonnée, s'élèvera donc à..... 14,121,161f 68

Cette dépense viendrait s'ajouter à celle qui est décidée pour l'achèvement du canal jusqu'à Nancy, ou à.................. 47,592,004f 57

Ainsi le canal arrêté à Nancy, couterait en définitive.............................. 61,913,166f 25

Et il suffirait d'ajouter à cela.......... 13,086,833f 75

Pour compléter la dépense totale de..... 75,000,000f 00

Et pour terminer l'œuvre dans son entier.

La question se réduit donc à ces termes fort simples : l'Etat fera-t-il sur l'exécution du canal de la Marne au Rhin, une ÉCONOMIE de 13 millions, qui réduira à 62 millions la dépense totale, mais qui aussi forcera le canal à s'arrêter à Nancy !

Eh bien, nous disons que la question est résolue aussitôt

une durée de travaux de douze ans ; il n'en fallait que six pour l'exécution simultanée. L'administration s'est arrêtée à ce dernier mode, comme la raison et les discussions des chambres lui en imposaient la loi !

que posée, et que c'est abuser des termes que d'appeler cela une ÉCONOMIE, par la raison toute simple, que si le canal dans son entier vaut les 75 millions qu'il coûtera, le canal arrêté à Nancy, n'en vaut pas vingt, privé qu'il est du transit, du mouvement des houilles vers les forges, d'un côté, et vers le Haut-Rhin de l'autre ; privé enfin de sa liaison directe avec les carrières, avec les salines, avec les forêts, etc.

Ainsi ce qu'on sacrifie, ce n'est pas seulement la totalité des 14 millions dépensés entre Nancy et Strasbourg ; c'est encore la plus grande partie des 48 millions dépensés, ou à dépenser entre Vitry et Nancy. Car l'utilité du canal et par conséquent sa valeur ne saurait se mesurer qu'à l'activité des transports, et cette activité, ce sont les produits accumulés entre Nancy et Strasbourg, qui la communiqueront à la portion du canal comprise entre Nancy et Vitry.

Au reste, ce mouvement s'étendra aussi d'une part au canal latéral à la Marne et au canal de l'Aisne à la Marne, et d'un autre côté, à la branche inférieure du canal du Rhône au Rhin. Ainsi ce n'est pas seulement le canal de la Marne au Rhin qu'il s'agit de mettre en valeur en le complétant, ce sont toutes les navigations qui s'y rattachent (1).

(1) Sous ce rapport, le canal de la Marne au Rhin offre des circonstances que M. le marquis de Dalmatie a justement signalées à l'attention de la chambre des députés ; depuis le canal de l'Aisne à la Marne jusqu'au Rhin, il ne coupe pas moins de huit voies navigables ou flottables, en y comprenant le canal des houillères. Ce sont : Le canal de l'Aisne à la Marne, la Marne au-dessus de Vitry, la Meuse, la Moselle, la Meurthe, le canal des houillères, la Sarre, le canal du Rhône au Rhin et le Rhin.

La Moselle, la Meurthe et la Sarre seront très-facilement rattachées au canal de la Marne au Rhin ; et il est naturel de penser que Metz sera bientôt le port du Luxembourg et du pays de Trèves, sur cette grande voie navigable du Rhin supérieur à la Manche. L'importance des usines de la Haute-Marne exige le prolongement immédiat de la navigation latérale à la Marne

Projet de substitution du chemin de fer au canal.

Mais on ne veut pas que nous comptions comme perdus les 14 millions dépensés entre Nancy et Strasbourg ; *on utilisera les terrains et même les travaux pour le chemin de fer.* C'est bientôt dit, et quand nous répondrons que le chemin de fer adapté aux travaux du canal s'éloignera des populations ; qu'il sera d'un parcours plus difficile, et qu'enfin *il coûtera incomparablement plus cher* que le chemin de fer exécuté dans ses conditions normales, et passant par les deux chefs lieux d'arrondissement de Lunéville et de Sarrebourg ; nous aurons peut-être pour appuyer notre opinion, la connaissance complète du terrain, les études que nous avons faites sur les lieux mêmes, et les rapprochements auxquels nous avons été conduit par la direction des travaux du canal, et par la rédaction des projets du chemin de fer, conçu dans tous les systèmes, mais enfin nous n'aurons pas encore le droit d'être cru sans preuves.

Or ces preuves sont faciles à produire. Les plans officiels du canal dans les parties exécutées existent ; ces plans ont servi à l'approbation des projets ; ils sont datés, et signés par les ingénieurs, par les préfets et par le ministre ou le sous-secrétaire d'Etat. Ce sont des pièces authentiques. — Les feuilles de profils en travers existent aussi, elles ont la même authenticité. Que ces pièces soient soumises aux Commissions des Chambres qui auraient à traiter la question de la substitution du chemin de fer au canal, avec les plans et les profils du chemin de fer lui-même, suivant son tracé normal ; et il ne faudra pas une heure d'examen pour qu'il soit démontré sans contestation possible, que toutes les combinaisons qu'on pourra essayer sur le terrain même occupé par le canal, conduiront toujours à *substituer avec plus de dépense un mauvais chemin de fer à un bon* !

jusqu'à Joinville et même jusqu'à Chaumont. Quant à la Meuse, l'administration a fait étudier les projets destinés à faire remonter sa navigation actuelle jusqu'à la rencontre du canal de la Marne au Rhin pour s'y rattacher.

L'abandon du canal serait une grande faute ; nous l'avons prouvé ; et c'est parce que c'est une faute qu'on ne peut la couvrir et la pallier qu'en en faisant de nouvelles ! Mieux vaudrait cent fois en accepter les conséquences, et se résigner.

Du moins vendrait-on les terrains occupés par la partie du canal abandonné ? On y a compté, mais c'est encore une illusion ! Rétrocession des terrains occupés.

D'abord, il y a une partie considérable des terrains qui est devenue absolument impropre à toute espèce d'usage. Ainsi que fera-t-on des tranchées d'Arschewiller, immenses déblais, qui ont jusqu'à 20 mètres de profondeur ? Que fera-t-on des cinq autres tranchées du grand bief de partage des Vosges ? Quel parti tirera-t-on des énormes cavaliers presque exclusivement composés de roche, qui occupent sur les bords de ces tranchées des surfaces considérables ? Comment utilisera-t-on les grands remblais comme ceux qui existent au passage de la Sarre et de la Bièvre ? Enfin les terrains recouverts par des constructions devenues inutiles, comme les écluses, les murs de quais des gares, les murs de soutenement, les aqueducs, etc. Qu'en fera-t-on si les constructions subsistent ; et quelle valeur auront-ils si ces constructions sont démolies ?

D'autres terrains, sur d'assez grandes longueurs, seraient susceptibles de produits et par conséquent d'aliénation au profit du trésor. Mais nous croyons qu'il y aurait une extrême imprudence à en tenter la vente. Le privilége inscrit dans la loi du 3 mai 1841, en faveur des anciens vendeurs, serait de nature à créer à l'Etat des difficultés inextricables, dans lesquelles il est plus sage de ne pas s'engager. Il ne faut pas perdre de vue que les terrains dont il s'agit, ne sont tombés dans le domaine public que par suite d'un contrat d'expropriation, qui leur assigne une destination spéciale. « S'ils ne reçoivent » pas cette destination, dit l'article 60 de la loi, *les anciens* » *propriétaires ou leurs ayants-droit peuvent en redemander*

» *la remise.* » D'ailleurs, aux termes du même article, le prix, qui ne peut être supérieur à la somme payée par l'Etat, doit être fixé par le jury.

Eh bien ! on peut compter sur une chose, c'est que le jury prendra en considération les dépenses à faire pour remettre le sol dans un état équivalent à celui qui existait avant l'ouverture des travaux; et ce sera justice! Car la condition essentielle de l'expropriation, c'est *l'utilité publique*; et s'il est explicitement décidé par un acte souverain que celle-ci n'existe pas, et que l'Etat renonce au privilége qu'elle lui confère et aux avantages publics et particuliers qui en font l'objet, le droit de propriété reprend alors la plénitude de son exercice, et l'exproprié peut exiger qu'on lui restitue dans son intégrité le terrain qu'on lui a enlevé sans utilité pour personne, ou au moins qu'on le lui rende à un prix tel qu'il puisse le remettre dans son état ancien sans perte pour lui. — On voit la conséquence; si la rétrocession commence pour les portions de terrains susceptibles d'aliénation, elle ne produira presque rien pour le trésor, et de plus elle sera la déclaration officielle de l'abandon définitif des travaux, et par conséquent elle créera pour tous les propriétaires sans exception un droit de revendication sur les terrains cédés à la portion du canal abandonné, même sur ceux qui ne peuvent être remis aujourd'hui en valeur qu'au prix de dépenses excessives. — Que feront les tribunaux devant de telles prétentions? Le texte de la loi est si formel, il est si évidemment dicté par le respect le plus scrupuleux du droit de propriété qu'il est impossible de n'en pas revenir à notre conseil, d'éviter d'engager l'Etat dans de pareilles difficultés, qui pourraient bien transformer en charges nouvelles les compensations qu'on se promet de la vente des terrains.

Ici donc encore il faut se résigner et procéder par *un ajournement* des travaux et non pas par une *déclaration d'abandon*, comme celle que comporte la rétrocession des terrains. Cette forme détournée, donnée à un abandon réel, serait regrettable sans doute, puisqu'elle aurait pour but d'échapper aux conséquences du contrat qui lie l'Etat aux indemnitaires, sous la garantie de la loi. Mais engagé dans une fausse voie, peut-on arriver à autre chose qu'à des conséquences regrettables !

Nous n'avons fait voir jusqu'ici que le côté matériel de l'abandon du canal, et nous n'avons fait apprécier que ses résultats directs, ceux qui sont de nature à être traduits en chiffres ; et certes il serait impossible sous ce rapport d'imaginer une plus injustifiable proposition conduisant à des suites plus déplorables.

Mais dans une pareille question, il y a pourtant encore autre chose que des chiffres !

On ignore donc que le canal de la Marne au Rhin, précisément entre Nancy et Strasbourg, a un rôle important à remplir dans la défense du territoire. Valeur défensive du canal entre Nancy et Strasbourg.

1814 nous avait laissé la Sarre, 1815 nous l'a enlevée ! Loin de nous toute récrimination sur les malheurs d'alors et tout ce qui pourrait être interprété comme un appel à de nouvelles luttes. Nous ne demandons pas mieux que de trouver dans les souvenirs d'une gloire qu'il ne sera donné à aucun peuple de surpasser, et dans l'ascendant moral qui appartient à la France les moyens de calmer de profondes et cruelles blessures ; et personne plus que nous ne désire voir appliquer aux fécondes créations de la paix toutes les forces dont l'Europe dispose, au lieu de les voir employées à se détruire mutuellement en précipitant les peuples dans de nouvelles et irréparables catastrophes. Mais si nous faisons taire le sentiment national devant les grands intérêts de la civilisation et de l'humanité, que notre modération du moins n'ait rien d'imprévoyant ou d'aveugle, et qu'elle n'aille pas jusqu'à négliger de réparer les brêches que les traités de 1815 ont faites avec une intention qui n'a pas besoin d'être expliquée, à la frontière qu'ils nous ont laissée. C'est travailler pour la paix que de pourvoir à la défense de son propre sol et de rendre les opérations de la guerre plus inabordables et ses succès plus difficiles. La France l'a proclamé par la création, pacifique à ce point de vue, des fortifications de Paris; et elle ne le comprendra pas moins en assurant la défense de la partie la plus faible de sa frontière du nord-est.

Or, tandis que la Prusse a la Sarre contre nous, nous n'avons pas un fossé d'un mètre de largeur contre elle. La Sarre perdue, notre première ligne de défense de ce côté, c'est la Seille. Mais la Seille n'a d'eau que quand l'étang de Lindre en a, et il est à sec pendant une année au moins sur trois. Si une déclaration de guerre arrivait dans une année où l'étang est en terrage, il n'y aurait pas d'inondation possible ni à Marsal ni à Metz, et d'ailleurs, même quand l'étang est plein, il ne suffit pas pour tendre ces inondations à la hauteur que les nécessités de la défense leur assignent. Le canal de la Marne au Rhin exécuté, on peut jeter dans la Seille les 6 millions de mètres cubes d'eau accumulés au bief de partage des Vosges, et on peut y verser de plus tout le produit des deux Sarres, de la Bièvre, et même celui de la Zorn. Ainsi, en vain les traités de 1815 nous auront-ils enlevé la ligne de la Sarre. A la Prusse le lit de la rivière, à nous l'eau! et avec l'eau nous ferons de la Seille une barrière réelle, fermant précisément cette trouée de Sarrelouis laissée à dessein dans notre frontière. Le canal tracé derrière la Seille formera ensuite une seconde ligne, couvrant les positions si importantes de Nancy et de Lunéville. De tels services ne doivent-ils donc pas être acceptés sans les marchander, surtout quand il s'agit d'une communication à tout autre égard si largement justifiée?

Jeunes ruines. Et puis ces travaux dont on propose si légèrement l'abandon, ne seraient donc qu'une immense ruine? Ce magnifique bief de partage des Vosges, l'une des plus belles conceptions d'un des plus célèbres ingénieurs qui aient honoré la France, devait être un monument de prospérité et de grandeur; ne deviendrait-il donc qu'un monument d'impuissance et de la plus déplorable versatilité qui puisse ternir l'histoire d'un grand peuple? Ces gigantesques ouvrages par lesquels le canal traverse la chaîne des Vosges, n'auraient-ils donc été élevés à si grands frais que pour en faire de jeunes et colossales ruines, rivalisant avec celles que nous retrouvons encore çà et là debout sur notre territoire, et qui en témoignant d'une civilisation évanouie, attestent aussi le passage des barbares.

Communication européenne de l'Océan à la Mer Noire.

Dans les efforts que son génie lui inspirait contre la barbarie, Charlemagne méditait la jonction du Rhin au Danube; et à mille ans de là, le plus grand de ses successeurs, l'homme extraordinaire qui a jeté sur le commencement de ce siècle un éclat si glorieux pour la France, prescrivait l'étude de la même communication. C'est par de telles entreprises que l'empereur Napoléon voulait fertiliser la paix qu'il invoquait dans ses victoires plus encore que dans ses revers; c'est par de semblables projets, conçus au milieu de ces guerres sans cesse renaissantes, qu'il voulait doter l'avenir, et fonder cette ère de prospérité calme et féconde, qu'il voyait au terme de ses travaux et dont il ne lui a pas été donné de jouir.

Ces grandes conceptions des plus grands hommes qui aient dominé l'Europe, il n'appartenait qu'à la paix de les réaliser; et notre époque en aura rendu l'exécution facile, et d'une pratique presque journalière.

Le canal du Rhin au Danube touche à son terme. Ce sera la gloire du roi de Bavière de l'avoir entrepris et achevé. Le canal de la Marne au Rhin complétera donc, au travers de la France une grande communication de l'Océan à la Mer Noire; la plus belle ligne de navigation intérieure que l'Europe puisse posséder, avec le Hâvre à l'une de ses extrémités, avec Odessa et Constantinople à l'autre, et dans l'intervalle Paris et Vienne et les plus belles contrées de la France et de l'Allemagne. Eh quoi, il n'y a qu'une seule lacune à cette grande ligne Européenne; et l'Europe pourrait dire : » Cette lacune existe sur le » territoire français; la France a dépensé 62 millions pour la » combler; mais il en fallait encore treize et la France n'a pas » pu aller jusques là! » Non, c'estimpossible! Un grandpeuple ne manque pas ainsi à lui-même et à son siècle !

Nous sommes au bout de notre tâche! La Chambre des Députés a voulu avant d'émettre un vote décisif, qu'il fût procédé à une plus ample instruction. Nous lui soumettons avec confiance cet écrit; il est le fruit d'une étude que nous croyons complète, d'une conviction profonde et d'un dévouement qui s'expliquerait assez par la grandeur de l'œuvre qu'il s'agit de défendre, quand il ne serait pas dans le devoir du fonctionnaire qui ressent vivement l'honneur d'être attaché à son exécution.

Nancy, janvier 1845.

NOTES

ET

PIÈCES JUSTIFICATIVES.

[N° 1.]

Résistance à la traction sur les canaux et les chemins de fer.

On trouve dans le traité hydraulique de d'Aubuisson (pag. 323), que la résistance des barques naviguant sur un canal est représentée par l'expression :

$$140\,\frac{S^2 V^2}{C + 2\,S} \text{ kilogrammes.}$$

dans laquelle

S est la section de la partie immergée du bateau,

C la section du canal,

et V la vitesse de la marche.

Cette formule, déduite de l'observation directe des faits sur le canal du Languedoc, peut s'appliquer assez exactement aux circonstances habituelles du mouvement des bateaux sur nos canaux, c'est-à-dire à des vitesses 0^m 80 à 1^m00 par seconde, et à des bateaux dont la section immergée ne dépasse pas le tiers de la section du canal parcouru.

Ainsi, pour les dimensions ordinaires des canaux français à grande section présentant, dans les conditions normales, 1^m60 de tirant d'eau et une largeur de 10^m 00 au fonds et de 14^m 80 à la surface; et dont les écluses peuvent donner passage à des bateaux de 33^m 00 de longueur et de 5^m 00 de largeur, on aura :

Pour la section C du canal . . . . $19^{m.\,q.}$ 84

Pour la section S de la partie immergée du bateau, en admettant que son enfoncement soit de 1^m 30 . . . . $6^{m.\,q.}$ 50

Et, si on admet que la vitesse soit réglée à 0^m 90 par seconde, qui convient à l'emploi le plus utile du cheval marchant au pas, pour V... $0^{m.}$ 90

La formule ci-dessus donnera :

$$140\,\frac{\overline{6{,}50}^2 \times \overline{0{,}90}^2}{19{,}84 + 13} = 144,\ 67 \text{ kilogrammes.}$$

Rapprochant ce résultat de la charge utile du bateau, qui, pour les dimensions que nous avons admises n'est pas inférieure à 160 tonnes, mais peut aller jusqu'à 180, suivant que le bateau tire plus ou moins d'eau à vide, on reconnaît que l'effort ramené au tonnage effectif est de 0,80 à 0,90 kilog. par chaque tonne de marchandise transportée.

Un bateau de même longueur, mais dont la largeur serait seulement de 2^m 50, aurait une section S de $3^{m.q.}$, 25 pour un même enfoncement de 1^m 30; et en lui appliquant la formule, on obtiendrait pour une même vitesse de 0^m 90 :

$$140\frac{\overline{3,25}^2 \times \overline{0,90}^2}{19,84 + 6,50} = 45,47 \text{ kilogrammes.}$$

Un tel bateau avec cette hauteur d'immersion porterait de 80 à 90 tonnes, et n'exigerait par conséquent qu'un effort de traction qui serait pour chaque tonne de chargement utile de 0,50 à 0,57 kilogrammes.

Un bateau aussi étroit pour sa longueur serait avantageusement remplacé par deux bateaux marchant à la suite l'un de l'autre, de manière que le second fût maintenu, autant que possible, dans le sillage du premier. L'effort de traction n'en serait presque pas augmenté.

Chacun des bateaux formant un couple pourrait avoir une longueur moyenne de 15^m 50 au-dessous du plan de flottaison, la largeur étant de 2^m 50, et l'enfoncement sous la charge pouvant être porté à 1^m 35, à cause de la plus grande facilité du dégagement de l'eau par les côtés, la charge utile pourrait être de 45 tonnes par bateau et par conséquent pour les deux de 90 tonnes.

Enfin, quatre de ces bateaux pourraient entrer à la fois dans une écluse. Ils devraient donc marcher par convoi, composé chacun de deux couples; chaque couple tiré par un cheval.

Ce mode de répartition de la charge ferait, il est vrai, perdre un peu plus de temps pour l'introduction des convois dans chaque écluse, mais ce temps serait très-largement regagné par une allure plus franche et plus facile dans les biefs, et surtout par une diminution considérable de la résistance dans les souterrains, les tranchées et en général dans toutes les parties retrécies du canal. On installerait donc ainsi sur les canaux français le petit bateau du canal de Charleroy, qui pratique aujourd'hui avec avantage toutes les lignes navigables de la Belgique.

Quoiqu'il en soit de ces considérations qu'on pourrait étendre, et en se bornant à l'appréciation de la résistance dans le cas des grands bateaux, à pleine charge, sur les canaux français à grande section et en bon état, cette résistance est, on le répète, de 0,80 à 0,90 kilog. par chaque tonne de chargement utile.

La résistance à la traction sur les chemins de fer est très-variable, non seulement en passant d'un chemin à un autre, mais même sur les différentes parties du même chemin. La composition des convois dépend des rampes à franchir et de la vitesse qu'on veut obtenir. Celle-ci est d'ailleurs une conséquence de la tension qu'on permet de prendre à la vapeur dans la chaudière et des rapports qui existent entre les différents organes de la locomotive. L'expression générale de la résistance donnée en fonction de la charge totale et de la vitesse, conduit donc à une formule compliquée dont la discussion appartient aux ouvrages purement techniques, et ne saurait trouver place dans cette note où il s'agit seulement de préciser par quelques rapprochements faciles à saisir, les différences qui peuvent exister entre la résistance au mouvement sur les canaux et sur les chemins de fer.

Le mieux pour cela, c'est de recourir à la pratique et de prendre celle des chemins de fer qui présentent une distribution judicieuse des pentes. Les chemins d'Orléans et de Rouen sont dans ce cas.

La rampe aux 8/1000 qu'on monte sur le chemin de fer d'Orléans pour parvenir sur le plateau de la Beauce, exige une machine de renfort ; mais aussi la plus forte inclinaison que présente le surplus du chemin n'est que de 3,50 mètres par kilomètre; et c'est sur cette inclinaison que se règle la force des convois.

Sur le chemin de Rouen, il y a une inclinaison aux 5/1000 sur 2 kilomètres, qu'on doit monter avant d'atteindre la station de Mantes en venant de Paris, mais là elle n'est évidemment pas un obstacle ; au contraire, elle sert à modérer la vitesse en approchant d'une station principale et à lancer le convoi au départ. La rampe et la pente de même inclinaison qui existent aux abords du Pont-du-Manoir, sont aussi sans inconvénient, parce que leur longueur de moins d'un kilomètre pour chacune peut être franchie sans accroissement d'effort, en vertu de la vitesse précédemment acquise. Ces circonstances exceptionnelles retranchées, la plus forte rampe du chemin de fer dans l'un ou l'autre sens, est de 3,40 mètres par kilomètre.

Pour fixer les idées, nous admettrons donc que les chemins de fer qu'il s'agit de comparer aux canaux, sont tracés d'après ces dispositions favorables de n'offrir que des rampes à l'inclinaison de $3^{m}50$ par kilomètre, mais avec cette condition que les obstacles passagers seront dissimulés comme ils le sont sur le chemin de Rouen, ou que les grandes difficultés seront refoulées, autant que possible, vers les faîtes pour être franchies comme au chemin d'Orléans par des locomotives de renfort.

Cela posé, un convoi de marchandises composé comme le train normal du chemin de Rouen, comprend :

La locomotive pesant		18 tonnes
Le tender, qui en pèse lorsqu'il est plein	10	78 —
25 waggons pesant à vide	68	
Charge utile		100 —
Poids total		196 tonnes

La résistance d'un tel convoi se compose :

1° Du frottement développé par le mouvement même du convoi ;

2° De la résistance de l'air ;

3° De l'effort dû à la gravité sur les parties inclinées du chemin, et qui agit contre ou pour le mouvement, suivant que le convoi monte ou descend.

Le frottement est proportionnel au poids total du train ; il est dans les circonstances ordinaires et d'après l'expérience, de 3 kilogrammes par tonne.

La résistance de l'air est proportionnelle au quarré de la vitesse, et elle dépend du nombre des waggons. Elle est d'ailleurs modifiée par l'intensité du vent et par la direction dans laquelle il souffle. Dans un air tranquille, et pour un convoi comme celui qui nous occupe, et marchant à la vitesse de 16 kilomètres par heure, la résistance de l'air serait de 42,88 kilogrammes. Les bateaux subissent la même influence, mais à un degré beaucoup moindre, à cause de la moindre vitesse de leur mouvement et de la moindre surface qu'ils présentent à l'air. On négligera ici par ce motif cette cause de résistance.

L'effort par tonne dû à la gravité est représenté en kilogrammes par le nombre qui exprime la pente, en millimètres pour mètre, du plan sur lequel le convoi monte ou descend.

D'après cela, on aura pour la résistance du convoi gravissant une rampe de 3,5 millimètres par mètre :

Frottement		3 × 178 =	534 kilogrammes.
Gravité	Convoi	3,5 × 178 =	623 —
	Machine	3,5 × 18 =	63 —
	Total		1,220 kilogrammes.

A cela s'ajoutent la résistance de l'air et celle qui est développée par les frottements propres de la machine. Mais en se bornant là, on voit que l'effort de traction sur les parties de niveau est de 534 kilogrammes pour un chargement utile de 100 tonnes; c'est par tonne . . 5,34 kilogrammes.

Et si on passe des parties de niveau aux rampes de 3 millimètres 1|2 par mètre, que nous avons admises comme régulatrices de la force des convois, l'effort de traction s'élève alors à 1220 kilogrammes ou par tonne utile à . . . . 12,20 kilogrammes.

Après cela viennent les rampes sur lesquelles il faudra employer des renforts, et qui développent alors une résistance beaucoup plus considérable encore. Ainsi sur la rampe aux 8|1000 du chemin d'Orléans un convoi montant, composé comme celui que nous considérons ici, aurait à vaincre une résistance par tonne de chargement utile de . . . 22,66 kilogrammes.

Il est clair que si pour éviter l'emploi des renforts, on répartit sur le chemin des rampes d'une inclinaison plus forte que 3 millimètres 1|2, on réduira par cela même la force des convois, et on sera dans l'impossibilité d'établir le service dans des conditions équivalentes à celles que les chemins de Rouen et d'Orléans peuvent réaliser.

Ces simples aperçus montrent d'abord que la résistance à la traction varie sur les chemins de fer dans des limites très-étendues, et ensuite que cette résistance est, même pour les chemins de fer dont le tracé est fait avec le plus de sagacité, fort supérieure à celle que développe le mouvement des bateaux sur les canaux.

Ainsi, un transport quelconque se décompose en général en deux mouvements : le déplacement horizontal et l'élévation verticale du poids à transporter.

Le déplacement horizontal, dans les conditions qui viennent d'être indiquées, exigerait par tonne un effort de, savoir :

Pour un canal, 0,90 kilogrammes au plus.

Pour un chemin de fer, 5,34 kilogrammes au moins.

Quant à l'élévation verticale, elle exige pour le chemin de fer un développement de force considérable, et qui, pour des convois de 100 tonnes de chargement et pour des rampes de 3 millimètres 1|2 de pente par mètre, s'élève à 6,83 kilogrammes par tonne utile ; tandis que pour un canal cette partie du travail en général, et sauf de très-rares exceptions, est suppléée, sans effort proprement dit, par l'emploi convenable de la chute des eaux. Celles-ci se rendant naturellement dans les parties basses des vallées, les canaux les détournent et les aménagent pour ne laisser descendre celles qu'ils ont réservées qu'à propos, et de telle sorte qu'à chaque masse d'eau qui descend corresponde un chargement utile qui monte.

Les conditions de la traction sont donc beaucoup plus favorables sur les canaux que sur les chemins de fer; et il est impossible dès lors que les premiers ne réalisent pas une grande économie sur les seconds, toutes les fois que les deux voies seront exploitées avec la même intelligence et qu'on cherchera à réaliser sur l'une et sur l'autre tous les avantages que sa nature particulière comporte.

[N° 2.]

Relevé du mouvement de la navigation sur le canal de Charleroy à Bruxelles pendant les douze mois, du 1er octobre 1843 au 30 septembre 1844 inclusivement.

MOIS.		PRODUIT TOTAL du canal PAR MOIS.	NOMBRE DE BATEAUX passés en descente A LA 54e ÉCLUSE.	OBSERVATIONS.
1843	Octobre....	164,904 76	849	La navigation sur le canal de Charleroy à Bruxelles a chômé du 1er au 31 août 1844.
	Novembre.	161,761 53	845	
	Décembre.	144,191 75	809	
1844	Janvier....	46,658 90	294	
	Février....	73,549 75	378	
	Mars......	114,076 81	660	
	Avril......	112,302 06	723	
	Mai	121,839 74	714	
	Juin......	141,662 07	769	
	Juillet.....	189,465 05	961	
	Août......	» »	239	
	Septembre.	141,305 79	652	
	TOTAUX..	1,411,718 21	7893	

ADMINISTRATION

DES

CHEMINS DE FER BELGES EN EXPLOITATION.

STATISTIQUE DES TRANSPORTS.

ETAT récapitulatif par mois du mouvement géné[...]
jusqu'au 30 septemb[...]

DÉSIGNATION DES MOIS.		MOUVEMENT. MASSE DE MARCHANDISES TRANSPORTÉES. (En tonnes.)						
		1re classe.	2e CLASSE.	3e CLASSE.	TOTAL.	TRANSPORTS PAR WAGGONS. NOMBRE	TRANSPORTS PAR WAGGONS. POIDS.	TOTAL GÉNÉRA[L] du poids [en] tonnes.
1843	Octobre	27069	3870	730	31669	1089	4650	36319
	Novembre	34808	4565	619	39992	910	3937	43929
	Décembre	33125	4871	373	38369	870	3766	42135
1844	Janvier	24254	5172	335	29761	638	2685	32446
	Février	22249	4739	408	27396	755	3293	30689
	Mars	27053	5018	511	32582	923	3920	36502
	Avril	28061	5266	437	33764	881	3783	37547
	Mai	33708	4212	375	38295	905	3877	42172
	Juin	36151	5472	307	41930	836	3531	45461
	Juillet	40403	5555	335	46293	779	3326	49619
	Août	44921	4941	457	50319	883	3794	54113
	Septembre	36608	6288	308	43204	896	3886	47090
TOTAUX.		388410	59969	5195	453574	10365	44448	498022

:]

les grosses marchandises sur le chemin de fer Belge, depuis le 1er octobre 1843,
1844, inclusivement.

RECETTE

POUR LE TRANSPORT DE STATION A STATION.

(En francs.)

1re CLASSE.		2e CLASSE.		3e CLASSE.		TOTAL.		TRANSPORTS par waggons.		PRODUIT des bulletins.		PRODUITS du camionage.		PRODUIT des frais de chargement et de déchargement.		TOTAL GÉNÉRAL.	
120388	45	41400	43	10410	17	172199	05	56943	» »	256	50	1708	58	878	» »	231985	13
153169	18	55805	86	8917	60	217892	64	49422	» »	253	60	2106	27	591	60	270266	11
154596	03	58625	73	5517	17	218738	93	47423	» »	271	90	1371	70	643	05	268448	58
114484	95	59233	28	4127	38	177845	61	32805	» »	258	20	1153	95	385	75	212448	51
107908	48	56848	86	6232	37	170989	71	39972	» »	243	50	1012	25	657	50	212874	96
135850	89	57402	57	7776	» »	201029	46	45094	» »	274	90	1285	63	582	» »	248265	99
138498	87	62012	76	5447	05	205958	68	45869	» »	266	80	1132	10	546	» »	253772	58
168258	81	46895	79	4761	31	219915	91	46232	» »	282	50	1185	88	679	60	268295	89
165744	27	64885	67	4130	62	234760	56	43894	» »	291	10	1064	02	637	70	280647	38
168316	94	66621	35	4523	40	239461	69	40547	» »	275	10	1102	44	677	80	282064	» »
191270	75	58880	31	6504	41	256655	47	45382	86	286	90	1237	66	795	» »	304357	89
158972	17	75284	55	4362	62	238619	34	45753	36	303	20	1051	89	671	85	286399	64
1777459	79	703897	16	72710	10	2554067	05	539337	22	3264	20	15412	34	7745	85	3119826	66

[Nº 4.]

Relevé du produit par mois des droits de navigation, sur l'Escaut, la Lys et la Sambre pendant les douze mois, du 1er octobre 1843 au 30 septembre 1844.

DÉSIGNATION DES MOIS.		PRODUITS MENSUELS DES DROITS DE NAVIGATION sur l'Escaut.	sur la Lys.	sur la Sambre.	OBSERVATIONS.
1843	Octobre....	6,220 08	4,687 46	50,046 15	La navigation a chômé sur la partie de l'Escaut située dans la province de Hainaut, du 15 août au 13 octob. 1844, et sur la Sambre canalisée, du 1er août au 15 septembre 1844.
	Novembre .	11,461 04	4,900 98	52,828 21	
	Décembre..	10,337 51	5,897 75	50,914 70	
1844	Janvier....	5,193 51	1,728 81	20,319 89	
	Février....	3,935 09	2,776 10	30,733 21	
	Mars......	2,099 29	1,589 44	35,765 16	
	Avril......	9,542 43	5,768 92	61,577 07	
	Mai.......	12,291 92	6,389 09	60,779 61	
	Juin.......	11,336 92	6,335 50	62,917 95	
	Juillet.....	10,893 89	7,006 27	74,878 86	
	Août......	9,635 71	6,603 74	» »	
	Septembre.	1,762 38	3,865 17	24,829 22	
	TOTAUX.	94,709 77	57,549 23	525,590 03	

[N° 5.]

CHAMBRE DES REPRÉSENTANTS DE BELGIQUE.

SÉANCE DU 18 MARS 1842.

Extraits des documents à consulter sur la proposition destinée à accorder au gouvernement la faculté de réduire, pour certains objets et temporairement les péages sur les canaux et rivières de l'Etat.

Le gouvernement belge avait inséré au projet de budget des voies et moyens pour l'exercice 1842 une disposition, qui tendait à l'autoriser à réduire les péages des canaux et rivières perçus au profit de l'Etat :

1° Sur les productions du sol ou de l'industrie des pays qui sont exportées ;

2° Sur les matières premières exotiques servant à l'industrie nationale.

La chambre ayant décidé que cette disposition ferait l'objet d'un projet de loi spécial, on a demandé l'avis des principales chambres de commerce du royaume.

Voici un extrait de ces avis tels qu'ils sont analysés dans le rapport du gouvernement. (Pages 10, 11, 12 et 13).

Avis de la Chambre de Commerce d'Anvers.

« Pour que la mesure devienne pleinement efficace, il faut que la ré-
« duction soit suffisamment élevée.

» Elle favorisera l'exportation de nos produits à l'étranger, et la fabri-
» cation intérieure, en réduisant, dans ce dernier cas, le prix des matières
» premières exotiques.

» Elle stimulera le zèle de nos fabricants qui chercheront à lutter de bon » marché avec tous les fabricants de l'étranger. Mais il faudrait accorder » la réduction, quelle que pût être la voie de sortie par la mer, les canaux, » les rivières, ou même par terre.

» Il importerait même de l'étendre aux houilles destinées à la consom- » mation des divers établissements industriels du pays. »

Avis de la Chambre de Commerce de Bruxelles.

« Ce qui manque à la Belgique, ce n'est pas la faculté de produire, » mais celle d'opérer des exportations vers les grands marchés étran- » gers.

» Une des principales causes de cet état d'infériorité relative, c'est la » large part de taxes de toute espèce qui grèvent le commerce et l'indus- » trie du pays, telles que le droit de patente, celui de barrière, et sur- » tout les péages sur les canaux et rivières, perçus au profit de l'Etat.

» Les transports deviendront plus nombreux à mesure qu'ils pourront » s'effectuer à moins de frais, et l'Etat trouvera une large compensation » dans cet accroissement, au léger sacrifice qu'il sera peut-être appelé à » faire momentanément.

» Cette compensation consistera en outre, et particulièrement, dans » l'augmentation du produit des contributions indirectes, des droits de » patente, de mutation et de consommation de tous genres, effets naturels » du développement de l'industrie et de l'augmentation de la richesse pu- » blique ainsi que de la population du pays. »

Avis de la Chambre de Commerce de Charleroy.

« Le plus puissant véhicule de la prospérité de nos houillères, de nos » établissements métallurgiques, etc., c'est la facilité et l'économie des » moyens de transport, or, la diminution du fret étant une suite néces- » saire de celle des péages sur les canaux et rivières, il s'ensuit naturel- » lement qu'une mesure prise dans ce sens serait d'une utilité évidente.

» La chambre de commerce susdite appelle de tous ses vœux cette di- » minution des péages qui permettra à nos houilles, à nos fontes, à nos » verres, etc., de lutter avec les produits similaires de l'étranger. »

Avis de la Chambre de Commerce de Liége.

« Cette mesure, si elle est adoptée, loin de diminuer les ressources de
» l'Etat, contribuera, au contraire, à les accroître par la plus grande ac-
» tivité qu'elle communiquera au commerce et au mouvement de la navi-
» gation du pays.

» Elle sera avantageuse à toutes les provinces de la Belgique et ne
» pourra froisser aucun intérêt.

» Réduire les péages sur les canaux et rivières, c'est, en dernière
» analyse, seconder la fabrication en l'aidant à produire à bon marché.

» Cette réduction profitera à l'intérieur, contribuera à arrêter l'importa-
» tion des produits étrangers et nous mettra dans des conditions telles,
» qu'il nous sera permis de rivaliser, sur les marchés extérieurs, avec les
» nations qui nous y font concurrence. »

Avis de la Chambre de Commerce de Louvain.

« La réduction dont il s'agit devrait s'appliquer à tous les produits du
» sol ou de l'industrie du pays, qu'ils soient en destination de l'étranger
» ou d'autres localités de la Belgique.

» La mesure devrait profiter aux matières premières indigènes, aussi
» bien qu'aux matières premières exotiques.

» La mesure, telle qu'elle est proposée par le gouvernement, rendrait
» nécessaire une surveillance continuelle de la part des employés de l'Etat,
» tandis que, reposant sur des bases plus larges, elle serait plus en har-
» monie avec les intérêts généraux du pays. »

Avis de la Chambre de Commerce de Mons.

« L'adoption de la mesure proposée par le gouvernement serait très-
» avantageuse à l'industrie du pays.

» Elle aurait pour effet immédiat l'accroissement du mouvement d'ex-
» portation de tous nos produits pondéreux, tels que houilles, fontes,
» marbres, pierres à bâtir, à paver, à diguer, etc., lesquels ne peuvent

» supporter un fret élevé et qui se trouvent néanmoins en si grande abon» dance dans plusieurs de nos provinces.

» D'un autre côté, elle réduirait le prix de revient des marchandises » dans la fabrication desquelles nous faisons entrer des matières premières » exotiques.

» Si, par suite de l'adoption du projet du gouvernement, les recettes » de l'Etat subissent, d'une part, une diminution momentanée, le trésor » en sera, d'un autre côté, amplement dédommagé par l'accroissement » des impôts de consommation qui en sera le résultat nécessaire.

Avis de la Chambre de Commerce de Namur.

« La réalisation du projet du gouvernement favoriserait extrêmement l'ex» portation de nos produits, entr'autres celle de la chaux, des pierres et » de la houille, ainsi que le transit qui recommençait à se faire par la » Sambre des ardoises et autres objets qui s'expédiaient du département » des Ardennes vers ceux du Nord, de la Somme et du Pas-de-Calais.

» Les recettes du trésor seraient loin d'en souffrir, puisque l'exportation » seule par la Sambre et par la Meuse doublerait au moins d'impor» tance. »

Le gouvernement discute ensuite la nécessité de la mesure et l'influence qu'elle est appelée à exercer sur le commerce et l'industrie du pays ainsi que sur le trésor ; c'est de ses observations à ce sujet qu'est extrait ce qui suit :

« Personne n'ignore que les frais de transport joints aux péages sur les » voies de navigation, constituent en grande partie le prix des articles » pondéreux, tels que le charbon de terre, la fonte, le fer, les grains, les » bois, les ardoises, les marbres, le sable, les pierres, etc.

» Ces mêmes frais rentrent aussi pour une part notable dans le prix des » matières premières exotiques et pondéreuses nécessaires à la fabrication » intérieure.

» Or, comme l'on veut, par exemple, que nos relations transatlantiques » acquièrent toute l'importance qu'elles sont susceptibles de prendre, la » réduction proposée est de nature à y contribuer grandement, puisqu'elle » aura pour effet immédiat :

» 1° De faire arriver à moins de frais, aux ports d'exportation, les produits

» naturels ou manufacturés du pays en destination des contrées d'outre-» mer.

» 2° De diminuer le prix de revient du sucre brut, du coton en laine, » de certains minerais, des bois de teinture, etc. nécessaires à la fabrica-» tion intérieure.

» Quant à l'influence probable sur les recettes du trésor de la mesure » prise dans de sages limites, on a sous les yeux les chiffres des deux » états comparatifs dressés pour constater les effets de l'arrêté royal du » 17 juillet 1841 et de celui du 1er septembre 1840.

» On a vu par ces tableaux dans quelle progression rapide s'est élevé le » mouvement de nos exportations vers la Hollande et vers la France, » sous la faveur de la réduction partielle établie par deux dispositions » royales.

» On a remarqué que, dès le 1er semestre de 1841, le produit des » péages sur la Sambre belge, uniquement en ce qui concerne les ardoises, » le charbon de terre et le fer de fonte, ont excédé de 25,296 fr., 76, » ou de plus de 17 1/2 pour 0/0 les recettes du semestre correspondant » de 1840.

» Ce fait établi, on peut espérer avec fondement que la même disposi-» tion appliquée, toujours avec modération, d'une manière plus générale, » produira des effets analogues par la perception des péages sur des trans-» ports plus fréquents et plus considérables, sans compter le surcroît de » recettes en impôts de consommation et autres, que l'augmentation de » la richesse publique procurera infailliblement aux caisses de l'Etat.

» La nécessité d'une réduction étant prouvée et reconnue, tout ce que la » législature peut faire, c'est d'accorder au gouvernement des pouvoirs gé-» néraux.

» Il s'agit jusqu'à un certain point d'une question de confiance.

» Le gouvernement ne fera usage de ces pouvoirs qu'avec circonspection » et dans de justes limites.

» *Augmenter le mouvement, sans diminuer la recette totale*, tel est le » problème; il y a un point qu'il faut saisir, et qu'on ne découvre quel-» quefois qu'à la suite de tâtonnements, point où le mouvement augmente » sans diminuer le total des recettes. »

[N° 6.]

Extrait du rapport présenté le 12 avril 1843, aux chambres législatives de Belgique par le Ministre des travaux publics. (Page 227.)

La Commission des tarifs a désiré connaître le résultat de la réduction de 20 p. 0/0 accordée sur les prix des transports :

Des produits étrangers en *transit ;*

Des produits indigènes destinés à l'*exportation ;*

Des matières premières exotiques en *importation ;*

Mais par charge complète d'un waggon pour les marchandises de la 1re et de la 2e classe, et de 500 kilog. au moins pour celle de la 3e classe.

Elle a, en conséquence, demandé quel a été par mois le poids total de chacune de ces trois espèces de transport, et le montant de la recette réduite de 20 p. 0/0.

Le tableau qui lui a été fourni et qu'elle joint à ce rapport (annexe I), indique que le poids total

Des produits étrangers admis en *transit* a été de. . .	1,421,175 kilog.
Des produits indigènes destinés à l'*exportation*.	3,527,639 —
Des matières exotiques admises à l'*importation*.	231,780 —
Total. . . .	5,180,594 kilog.

indépendamment de 116 chevaux passés en transit.

Ce qui ne fait pas même 2 3/4 p. 0/0 du montant total des transports.

Le montant des recettes a été :

Pour la 1re catégorie.	23,115f,18
Pour la 2e —	33,630,36
Pour la 3e —	3,330,12
Total.	60,075,66
La réduction de prix n'a donc été que de.	15,018,91
Total.	75,094f,57

qui équivaut à 4 1/3 p. 0/0 de la recette totale.

L'avis de la commission est que cette réduction de 20 p. 0/0 sur les tarifs de ces trois catégories de transport doit être maintenue, avec la condition de charge complète, attendu que le résultat obtenu a été de procurer des chargements complets de waggons, ce qui est un point important pour faire augmenter d'un tiers le produit de chaque waggon, tout en apportant une économie dans le service des convois.

[N° 7.]

RELEVÉ du mouvement de la navigation du canal de Bruxelles à Willebrock (au Ruppel), pendant les années de 1833 à 1843 inclus.

ANNÉES.	NOMBRE DE NAVIRES entrés.	TONNAGE.	NOMBRE de navires sortis.	TONNAGE.	PRODUIT.
1833	5,266	266,635	5,291	268,045	110,493 72
1834	7,286	364,094	7,239	360,738	126,534 97
1835	8,070	405,731	8,034	404,060	132,377 50
1836	9,762	492,824	9,741	492,231	147,449 03
1837	10,110	505,316	10,119	505,631	152,106 55
1838	9,817	502,043	9,763	496,936	155,082 52
1839	9,203	471,956	9,216	474,386	169,630 28
1840	10,436	556,948	10,416	554,364	170,203 13
1841	11,972	622,068	11,984	625,609	186,231 22
1842	12,134	640,431	12,105	639,128	187,788 81
1843	12,492	676,415	12,499	675,383	204,348 93

[N° 8.]

Relevé du mouvement de la navigation du canal de Bruxelles à Willebrock, (au Ruppel) pendant les 12 mois, du 1er octobre 1843 au 30 septembre 1844 inclusivement.

	MOIS.	NOMBRE de navires entrés.	TONNAGE.	NOMBRE de navires sortis.	TONNAGE.	PRODUIT.		OBSERVATIONS.
1843	Octobre....	1,405	74,445	1,410	75,557	20,710	00	Les bateaux venant de Charleroy ne paient aucun droit de stationnement sur le port de Bruxelles.
	Novembre .	1,343	71,285	1,337	70,913	19,565	98	
	Décembre .	1,101	59,395	1,123	58,932	16,665	49	
1844	Janvier.....	522	26,599	502	25,898	6,823	26	
	Février....	649	32,776	665	34,291	10,338	00	
	Mars.......	1,125	59,103	1,145	60,884	16,295	23	
	Avril.......	1,328	73,650	1,321	73,408	19,846	65	
	Mai........	1,337	73,716	1,326	72,528	20,356	98	
	Juin.......	1,294	68,878	1,320	71,214	19,800	88	
	Juillet.....	1,461	82,363	1,431	80,139	22,546	05	
	Août......	845	48,486	797	44,629	15,590	90	
	Septembre.	1,435	80,551	1,439	80,527	22,758	73	
	TOTAUX.	13,845	751,247	13,816	749,120	211,298	15	

[N° 9.]

Évaluation *approximative de l'effet utile total produit par la circulation actuelle sur les voies navigables de la Belgique.*

DÉSIGNATION DES LIGNES NAVIGABLES.		TONNAGES PAR AN, ramenés à la distance entière pour chaque ligne ou portion de ligne.	DISTANCES parcourues en kilomètres.	EFFETS utiles ou produits des distances par les tonnages.	OBSERVATIONS.
Canal de Charleroy à Bruxelles		500,000t	74k »	37,000,000	Les chiffres indiquant les tonnages, qu'on n'a pas pu se procurer directement, ont été déduits du rapport des produits des droits de navigation pour chaque ligne, avec le droit moyen résultant du tarif pour cette ligne. Les tarifs étant très-variables et très-compliqués, il n'est pas possible d'arriver ainsi à une complète exactitude, mais on obtient au moins des résultats suffisamment approchés pour la comparaison générale qu'on a particulièrement en vue.
de Bruxelles au Ruppel		750,000	30 »	22,500,000	
de Louvain		150,000	29 5	4,425,000	
La Dyle du Ruppel à Malines		60,000	6 8	408,000	
La Dyle et la Démer de Malines à Diest		20,000	46 »	920,000	
Les Nethes	de Lierre au Ruppel	60,000	13 »	780,000	
	de Lierre à Herenthals	20,000	25 6	512,000	
	de Lierre à Westerloo	20,000	20 »	400,000	
Le Ruppel	du confluent de la Dyle à celui du canal de Bruxelles	250,000	5 »	1,250,000	
	au-dessous de Willebrock	500,000	7 »	3,500,000	
L'Escaut	de la frontière à Audenarde	400,000	79 »	31,600,000	
	d'Audenarde à Gand	425,000	40 »	17,000,000	
	de Gand au Ruppel	500,000	82 »	41,000,000	
	du Ruppel à Anvers	900,000	12 »	10,800,000	
La Lys.	de la frontière à Courtray	65,000	21 »	1,365,000	
	de Courtray à Gand	115,000	74 »	8,510,000	
Canal de Gand à Ostende.	de Gand à Bruges	180,000	45 »	8,100,000	
	de Bruges au canal de Nieuport.	160,000	17 »	2,720,000	
	de là à Brendes	90,000	6 »	540,000	
Canal d'Ostende à Furnes par Nieuport		70,000	31 »	2,170,000	
Canal de Maëstricht à Bois-le-Duc		55,000	45 »	2,475,000	
Meuse	entre Givet et Namur	180,000	50 »	9,000,000	
	entre Namur et Liége	250,000	60 »	15,000,000	
Sambre		300,000	94 »	28,200,000	
Canal d'Antoing		500,000	24 »	12,000,000	
Canal de Mons à Condé (partie belge)		800,000	18 »	14,400,000	
		TOTAL		276,575,000	

Dans ce tableau ne sont pas compris l'Iser et ses embranchements supérieurs, la partie belge du canal de Roubaix, les canaux de Bruges à l'Ecluse, de la Lierre et de Terneuse, la Dendre et L'Ourthe.

[N° 10.]

DES VOIES NAVIGABLES EN BELGIQUE.

Considérations historiques suivies de propositions diverses ayant pour objet l'amélioration et l'extension de la navigation (1).

Extrait des conclusions, pages 266 et suivantes.

La discussion qui précède fait reconnaître que les projets dont nous proposons l'exécution se partagent en trois catégories : la première comprend ceux qui, par leur caractère d'utilité générale, leur but agricole et commercial, ou le peu de chances qu'ils offrent à la spéculation demandent à être exécutés par l'Etat, la seconde se forme de ceux qui par leurs spécialités productives, sont susceptibles de péages assez élevés pour devenir l'objet d'entreprises par concession; dans la troisième rentrent les améliorations motivées par des considérations locales et qui incombent particulièrement aux provinces et aux communes.

Dans la première catégorie se rangent le canal de Selzaete, — la mise en grande section des six premières écluses du canal de Charleroy, — l'amélioration du tirant d'eau de la Sambre, — l'amélioration du Ruppel, — l'amélioration de la Dendre entre Ath et Alost, — le canal de Bocholt à Herenthals et les améliorations à la Petite-Nethe, — l'amélioration de la navigation de la Meuse, — enfin l'achèvement du canal de Meuse et Moselle jusqu'à la Roche.

La seconde catégorie renferme le canal de Bossuyt à Courtray, — le canal de Mons à la Sambre par la Trouille, — le canal de Mons aux embranchements du canal de Charleroy, — le canal de Vilvorde à Diest, —

(1) Ouvrage publié en 1842 par le ministre des travaux publics.

la canalisation du Petit-Schyn et sa jonction à la Petite-Nethe canalisée.

La troisième catégorie comprend l'amélioration des canaux de l'Yperlée, de Loo et de Furnes, — la canalisation du Mandel, — la canalisation de la Grande-Nethe, — le canal de Deynze au canal de Bruges, — enfin, l'amélioration de l'écoulement des eaux du bassin de l'Iser et de la traversée du port de Nieuport.

Ainsi, d'après nos propositions, l'Etat aurait à sa charge le montant intégral des dépenses de la première catégorie; il devrait, en outre, intervenir dans les dépenses des deux autres par des subsides d'une quotité déterminée. Voyons quelles sont les ressources dont il peut disposer pour faire face à ces charges nouvelles.

Les heureux résultats obtenus par l'application de l'excédant du produit des barrières aux travaux d'extension et d'amélioration des routes de l'Etat, ne peuvent laisser aucun doute sur ceux que l'on obtiendrait en suivant le même système pour les voies navigables.

Rien de plus rationnel, en effet, que l'application de ces revenus au développement même des voies de communication qui les produisent; rien qui le soit moins que leur versement au trésor, car il ne peut se justifier que par leur assimilation aux impôts; or les canaux, les routes, les chemins de fer ne sont point imposables comme les objets qui se consomment ou contribuent aux jouissances de la vie; *ce sont de véritables outils de production, et l'outil ne paie point l'impôt.*

Suivant nous, les canaux ne doivent donc pas servir à augmenter les ressources du trésor; du moment que leur revenu dépasse les dépenses, il faut réduire les péages ou en appliquer l'excédant au développement de la navigation, comme cela se pratique aujourd'hui pour les routes, et comme cela se pratiquera plus tard pour le chemin de fer.

Il faut conclure de ces principes que l'existence de hauts droits sur les navigations prospères du pays, implique l'obligation d'affecter l'excédant des recettes au développement des voies navigables moins riches, afin de les rendre à leur tour de puissants agents de production.

L'application de l'excédant disponible étant ainsi spécialisée, l'attention de l'administration sera bien plus fortement attirée vers l'amélioration et le développement du système des voies navigables, parce que la spécialité se connaît, se contrôle et se protége mieux et qu'elle seule atteint la perfection.

Ce sera donc dans l'excédant du produit des droits de navigation, excédant constitué en fonds spécial, que nous chercherons le capital d'exécution des travaux que nous proposons dans les diverses parties du royaume.

Le tableau suivant donne le relevé des produits des droits de navigation pendant l'exercice 1841.

N° D'ORDRE.	DÉSIGNATION des CANAUX et RIVIÈRES.	PRODUIT BRUT.	DÉPENSES d'entretien, d'exploitation et d'amélioration.	PRODUIT NET.	OBSERVATIONS.
1	L'Escaut. . . .	109,450	45,000	29,450	
2	La Lys.		35,000		
3	La Dendre. . .	22,637	17,500	5,137	
4	Le Ruppel. . .	3,777	16,000	— 12,223	Les dépenses excèdent les recettes.
5	La Dyle				
6	La Démer . . .				
7	La Meuse . . .	76,300	66,000	— 10,300	
8	La Sambre canalisée . . .	422,268	140,000	282,268	Les péages sont perçus par la société concessionnaire du canal de Meuse et Moselle.
9	L'Ourthe. . . .	» »	» »	» »	
10	Canal de Pommerœul à Antoing	438,307	90,000	348,307	
11	Canal de Terneuse (section de Gand au Sas de Gand) . . .	37,823	40,000	— 2,177	Les dépenses excèdent les recettes.
12	Canal de Bois-le-Duc à Maëstricht .	53,380	65,000	— 11,620	
13	Canal de Bruxelles à Charleroy	1,320,794	130,000	1,190,794	Le produit des péages a été porté en entier, bien qu'une annuité de 312,000 florins (660,316 fr. 80) soit encore due à la société concessionnaire jusqu'au premier avril 1846.
	TOTAUX. . .	2,484,736	644,500	1,840,236	

Le produit net des navigations régies par l'Etat est donc de 1,840,236 fr. En outre, le canal de Mons à Condé, exécuté par le gouvernement français sur les fonds des départements intéressés, et régi aujourd'hui par la province de Hainaut, a donné un produit brut de 173,838 fr. soit 133,838 fr. d'excédant disponible, la dépense ayant été de 40,000 fr. Ne conviendrait-il pas d'appeler ce canal à concourir également à la formation du fonds spécial, ne fut-ce que pour la moitié de son excédant? Dans ce cas nous aurions 66,919 fr. à ajouter à la somme ci-dessus, en sorte que le produit net annuel serait de 1,907,155 fr.

Le tableau ci-dessus ne comprend que les revenus directs des droits de navigation; les produits de la pêche, des herbages et des plantations n'y sont pas renseignés. Ces derniers cependant pourraient être très-avantageusement utilisés par leur emploi direct au renouvellement des billes du chemin de fer.

[N° 11.]

Principaux canaux d'Angleterre, concurrents des rail-ways et dont les actions ont été cotées à la bourse de Londres, le 29 octobre 1844.

NOMS DES CANAUX.	VALEUR DE L'ACTION EN LIVRES STERLING. primitive	avant le rail way.	au 15 mars 1844	au 29 octobre 1844.	REVENU par action au 29 octobre 1844.	OBSERVATIONS.
Cromfort	100 l.	365 l.	300 l.	250 l.	18 l.	Les valeurs des actions au 15 mars 1844 sont extraites du mémoire de M. l'Inspecteur Minard : des conséquences du voisinage des chemins de fer et des voies navigables. — Les valeurs au 29 octobre sont prises sur le cours de la bourse de Londres pour ce jour-là.
Birmingham	79	215	171	165	10	
Coventry	100	670	350	365	22	
Derby	100	138	105	105	8	
Ellesmer et Chester	133	82	65	63	4	
Erewash	100	800	500	450	32	
Grand-Jonction	100	235	155	162	7	
Grande-Union	100	23	25	25	1 10s.	
Huddersfield	58	32	13	21	»	Le revenu n'est pas indiqué au cours de la bourse du 29 octobre 1844.
Kennet et Avon	40	26	9	10 1/4	»	
Lancaster	47	28	26	40	1 10s.	
Leicester	140	200	141	139	10	
Leeds et Liverpool	100	760	650	640	34	
Oxford	100	610	520	505	30	Les actions du canal d'Oxford étaient tombées à 502 livres à la fin d'avril.
Peak-forest	78	91	»	40	3	Non coté au 15 mars 1844.
Rochedale	85	111	»	62	4	*id.*
Staffort et Worcester	100	650	»	480	28	*id.*
Wilts et Berks	100	31	»	12	1 4s.	*id.*
Worcester et Birmingham	100	89	59	50	4	
Regent	33	16	24	25	1	

[N° 12.]

Principaux Chemins de fer d'Angleterre, concurrents des canaux et dont les actions ont été cotées à la Bourse de Londres en octobre 1844.

NOMS des CHEMINS DE FER.	VALEUR DE L'ACTION EN LIV. STERLING.				REVENU indiqué en OCTOBRE 1844.	Observations.
	Primitive.	EN MAI 1843.	EN MARS 1844.	EN OCTOB 1844.		
Birmingham et Gloncester. .	100l.	56l.	84l.	103l.	3l.5s.	Les valeurs des actions en octobre sont tirées du cours de la Bourse de Londres au 5 et au 29 octobre 1844.— Les valeurs en mai 1843 et en mars 1844 sont extraites de l'écrit précité de M. l'Inspecteur Minard : des Conséquences du voisinage des chemins de fer et des voies navigables.
Grande-Jonction.	100	198	231	213	10	
Great Western.	65	89	111	137		
Liverpool et Manchester. . .	100	200	220	205	10	
Londres et Birmingham. . .	100	210	235	214	10	
Londres et South Western. .	38	64	83	73	3 5	
Manchester et Leeds.	70	79	116	110	2 9	
North Midland.	100	68	91	107		

[N° 13.]

RAIL-WAYS ANGLAIS.

Procès-verbal d'enquête.

5e Rapport du comité de la Chambre des Communes, nommé en février 1844, pour l'examen des questions de réglementation et de législation des chemins de fer (1).

. . . .

Interrogatoire de Samuel Laing, secrétaire au département des chemins de fer, au ministère du commerce. — 26 février 1844.

1494.—Les revenus moyens des chemins de fer ont-ils dépassé ceux des canaux? —Non, je ne le pense pas quant à présent : les rail-ways ne sont pas en activité depuis assez longtemps pour que le chiffre des bénéfices ait pu s'élever, à beaucoup près, au niveau de ceux de quelques-uns des plus anciens canaux.

. . . .

1567.—(LORD G. SOMMERSET). Le taux des bénéfices sur les canaux est-il un indice de bénéfice pour le public? —Oui, jusqu'à un certain point, comme indiquant le chiffre des transports sur le canal.

1568. Ne pensez-vous pas que les bénéfices élevés, généralement parlant, sont un indice de l'utilité du canal? — Oui, généralement parlant.

1569. — (M. THORNLEY). On vous a posé des questions sur les prix très-élevés auxquels se sont vendues des actions de canaux ; ne pensez-vous pas que l'extrême élévation des frais d'exploitation des chemins de fer, comparés aux produits, ne permet pas que la propriété des chemins de fer atteigne jamais le degré de prospérité de quelques canaux? — Il ne paraît pas probable que la prospérité des chemins de fer atteigne jamais le point auquel la propriété de quelques canaux est parvenue, à moins

(1) Le Comité était composé de M. Gladstone, président, M. Labouchère, lord Seymour, M. Wilson-Patten, M. le vicomte Sandon, M. Gisborne, lord Grandville-Sommerset, sir John Easthope, MM. Hamilton, Russell, Horsmann, Greene, Maclean, Thornley et Becket-Denisson.

que le parlement ne leur donne un monopole absolu, et n'interdise la concurrence sous quelque forme que ce soit.

1570. — Quel est le plus haut prix auquel vous sachiez que se soient vendues des actions de canaux du prix originel de 100 liv. (2,500 francs)? — J'ai entendu citer des exemples d'actions de 100 livres vendues à 3,000[l]. (75,000 francs.)

1571. — Quel est le plus haut prix auquel vous sachiez qu'aient été vendues des actions de chemins de fer de 100[l]. (2,500 francs)?

— Environ 250[l]. (6,250 francs)?

. . . .

26 février 1844. 1959. — (Le président, M. William Gladstone.) — Voulez-vous passer à quelqu'autre cas d'excès de pouvoir de la part des Compagnies de chemins de fer, qui vous paraisse devoir fixer l'attention? — Je pense que, par des arrangements avec les canaux, les Compagnies de chemins de fer ont excédé leurs pouvoirs. J'ai entendu parler récemment de transactions entre des Compagnies de chemins de fer et de canaux qui à coup sûr approchent de bien près d'un achat ou louage entier et absolu. Or, ceci, je pense, est un cas qui ne devrait pas être admis, sans qu'on vînt au parlement expliquer ouvertement ce qu'on se propose de faire, et demander des pouvoirs pour le faire.

1960. — Voulez-vous avoir la bonté de détailler les particularités de quelque cas dont vous ayez entendu parler? — Ceci se rapporte à l'arrangement conclu entre le chemin de fer de Manchester à Leeds et la ligne navigable de Calder et Hebble.

1961. — Quelle est, autant que vous sachiez, la nature de l'arrangement entre ces deux parties? — Autant que je puis le savoir, l'arrangement est quelque chose de ce genre : s'étant fait concurrence l'un à l'autre pendant longtemps et ayant tous deux beaucoup abaissé leurs tarifs, ils sont maintenant convenus de les relever à un certain degré ; en raison de quoi la Compagnie du chemin de fer doit garantir à celle du canal que ses transports monteront à une certaine somme, et partager avec elle, dans une certaine proportion, tout ce qui dépasse cette somme, la Compagnie du chemin de fer ayant le droit de mettre des inspecteurs sur le canal, pour veiller à ce que le trafic qu'elle est tenue de lui garantir soit convenablement conduit.

1962. — Quels points vous paraissent soulever des objections dans cet arrangement? — C'est que cela revient presque en réalité à une fusion des Compagnies du chemin de fer et du canal, et n'est pas autorisé par la loi de constitution de la Compagnie.

1963. — Supposez que la Compagnie du chemin de fer n'ait garanti aucune somme déterminée à la Compagnie du canal ; supposez qu'il y ait eu une simple convention par laquelle les deux parties se soient engagées l'une envers l'autre à ne pas faire de transports au-dessous de certains tarifs : cela a-t-il été jusqu'à ce point dans le cas dont il s'agit? — Oui, c'est là l'essence du traité ; la garantie n'est qu'accessoire.

1964. — Pensez-vous que la loi pouvait l'empêcher ? — Je pense que les empêcher de s'entendre pour agir ainsi serait impraticable ; mais ils ne pouvaient prendre d'engagement légal dans ce but, sans qu'il dépendît de vous de l'empêcher.

1965. — Est-ce la circonstance de la garantie envers la Compagnie du canal qui vous conduit à envisager ce fait comme un excès de pouvoir propre à faire l'objet d'une restriction légale? — Je pense que la garantie de concert avec la nomination d'inspecteurs pour veiller sur les transports, et avec la nature permanente de la convention, revient si bien à la réunion des deux intérêts en une seule main, qu'elle ne devrait point être autorisée, si ce n'est par le parlement.

1966. — (Vicomte Sandon.) — Un paiement qui se ferait en vertu de cette garantie, par la Compagnie du chemin de fer, pour combler un déficit dans les revenus de la Compagnie du canal, rentrerait-il dans le cercle du but de la création de la Compagnie du chemin de fer? — J'en douterais, si la convention était reconnue illégale.

. . . .

1972. — (Lord G. Sommerset.) — Un des cas que vous avez mis en avant consiste en ce qu'une Compagnie particulière de chemin de fer est entrée en arrangement avec une Compagnie de canal pour faire les transports à un taux limité, et a donné de l'argent pour ce traité ; la cour de chancellerie pourrait dire, « tout bien pesé, il peut être douteux que cela » soit dans les prévisions de la loi ; mais en considération de l'intérêt pu- » blic, si A. B. veut donner à C. D. une somme d'argent pour que tous » deux puissent faire les transports à meilleur marché qu'ils ne le feraient » autrement, nous n'interviendrons pas ; » n'est-ce pas une question d'intérêt public? — oui, s'ils transportaient à meilleur marché ; mais la question se rapporte seulement au cas où ils s'engageraient pour élever le prix des transports.

1973. — (M. Denison.) — Supposez qu'une Compagnie de chemin de fer soit convenue avec une Compagnie du canal d'élever leurs tarifs à un certain degré, serait-ce, dans votre pensée, un cas d'intervention pour la cour de chancellerie? — Supposez par exemple que la Compagnie du canal ait habituellement pris 1$^{sh.}$ (1 franc) par tonne pour le transport des marchandises, et qu'elle soit convenue avec une Compagnie de chemin de fer d'imposer pendant un certain temps 4 ou 5^{sh}. (5 ou 6 francs) par tonne, sous la condition que la Compagnie du chemin de fer en ferait autant. Dans le cas d'un tel arrangement, qui serait préjudiciable au public, diriez-vous que la cour de chancellerie doit intervenir, sous le prétexte que la Compagnie du chemin de fer a excédé les pouvoirs que le parlement lui a donnés ou a eu l'intention de lui donner? — Oui, dès que l'engagement réciproque tend à élever les prix au préjudice du public.

. . . .

1980. — Supposez que les propriétaires d'un canal résolvent d'élever les prix de transport en restant dans les limites fixées par leur loi d'organisation, naturellement vous ne pourriez pas intervenir; mais la question que je vous posais consistait en ceci : si une Compagnie de chemin de fer achetait tous les intérêts dans un canal, et élevait immédiatement les prix, ne serait-ce pas une transaction dans laquelle, à votre jugement, la Compagnie aurait excédé les pouvoirs que le parlement avait intention de lui conférer en rendant la loi qui l'a constituée? — Je crois que vous pourriez empêcher qu'il se fît aucun achat du canal, autrement que sous l'empire d'une loi.

. . . .

1982. — (M. Greene). — Pourriez-vous empêcher les parties d'arriver à un arrangement? — Vous ne pourriez pas les empêcher de s'entendre, vous ne pourriez pas empêcher les présidents des deux Compagnies de dire : « Si vous élevez les prix tel jour, je proposerai à mon conseil d'administration de les élever au même point; » mais je pense que vous pourriez empêcher la conclusion d'un engagement tel qu'une des Compagnies pût l'imposer forcément à l'autre, lorsqu'elle tendrait à s'en écarter.

. . . .

Interrogatoire de John Swist, administrateur des chemins de fer de Grand-Jonction.

6 mars 1844

2847. — (M. Maclean).—Le seul but qu'on se propose d'atteindre par la révision, c'est le tarif des places des voyageurs.

Voyez-vous quelque objection à ce qu'on y adjoigne une révision des péages prélevés sur les marchandises? — Je ne pense pas que cela soit aussi nécessaire; je ne sais pas si vous ne devriez pas nous donner quelque chose qui pût nous faire compensation pour cette concession; mais la concurrence des canaux a, je crois, assez fait quant aux marchandises.

. . . .

2870. – (Lord Seymour). — Savez-vous quels étaient les prix antérieurs sur les grands canaux qui se trouvent en concurrence avec les chemins de fer? — Ils étaient beaucoup plus élevés qu'aujourd'hui.

2871. — Il est à votre connaissance qu'ils ont tous été considérablement réduits? — Je pense que tous l'ont été.

2872. — Et cela, apparemment, en conséquence de la concurrence des chemins de fer? — Oui.

2873. — Alors c'est un cas dans lequel de grandes Compagnies ont procuré un avantage au public; tandis que d'après votre principe, il semble que cela n'aurait pas dû être, que les Compagnies auraient dû plutôt s'unir, en vue de leur propre intérêt? — Oui; mais je me référais à la question de concurrence, qui, à mon sens, revient à ceci : auriez-vous une plus grande réduction s'il s'ouvrait un nouveau canal? — C'est là la question, il me semble; savoir si un nouveau canal réduirait les prix : je dis qu'il ne les réduirait pas.

. . . .

M. Laws propose l'achat de tous les chemins de fer par le gouvernement, après leur exécution et leur exploitation pendant quelques années par les Compagnies.

Interrogatoire du capitaine John Milligen-Laws, actionnaire et administrateur général du chemin de fer de Manchester à Leeds.

22 avril 1844.

6175. — (Lord G. Sommerset). — Quel effet produisent les canaux sur les transports de marchandises par chemins de fer? — Je ne connais pas l'effet des canaux sur les chemins de fer, mais je connais l'effet des chemins de fer sur les canaux; je sais que les péages de la ligne navigable de Aire et Calder ont été réduits depuis l'ouverture de plusieurs chemins de fer qui lui font concurrence.

6176. — Mais les canaux produisent le même effet sur les chemins de fer, n'est-ce pas? — Sans doute si l'Aire et Calder avaient maintenu les péages à 7sh. (8 fr. 62 c.) par tonne, au lieu de les réduire à 2sh. 3d (2 fr. 77 c.), les chemins de fer auraient plus qu'ils n'ont maintenant.

6177. — Comment alors pensez-vous que la législature devrait intervenir dans l'achat des canaux par les chemins de fer? — Qu'est-ce que la législature peut y faire? — Voici, d'un côté, une propriété constituée sous l'autorisation du parlement, voici, de l'autre, une autre propriété rivale de la première, et également autorisée par acte du parlement : je ne vois pas comment vous pourriez empêcher une fusion des voies de fer et d'eau avec plus de justice qu'une fusion de deux chemins de fer.

6178. — Supposez qu'il se forme une Compagnie de chemin de fer dans le but de faire un chemin de fer, sans qu'il soit rien dit touchant un canal; l'intention du parlement n'est-elle pas étrangement dépassée, lorsque la

Compagnie du chemin de fer vient à acheter un canal? — Le parlement n'a pris aucun fait de ce genre en considération.

6179. — La Compagnie de Manchester à Leeds a-t-elle, soit acheté, soit loué quelque canal? — Non.

6180.—Ya-t-il eu quelques arrangements conclus avec quelques canaux? — Oui, il y en a eu.

6181. — Voulez-vous avoir la bonté d'établir ce que sont ces arrangements? — Je ne sais si ma réponse à cette question serait justifiable, à moins que le comité n'insiste sur elle, attendu qu'elle touche à des intérêts étrangers.

6182. — L'arrangement quel qu'il ait été, a-t-il eu pour effet d'élever les péages sur les canaux avec lesquels vous avez fait un arrangement, ou sur quelque partie de la voie navigable entre Manchester et la côte de l'Est? — Non pas au-delà de ce qu'ils étaient à une époque de modération de la concurrence; un peu plus haut qu'au moment de la plus grande chaleur de la concurrence, et cela ne s'applique qu'à une certaine nature de marchandises. M. Beckett-Denison me remit sur ce sujet quelques questions écrites, dont j'ai les réponses dans ma poche; elles trouveraient probablement leur place ici.

6183. — Quelles sont les voies de transport par eau entre Manchester et Hull? — Il y en a deux vers l'est et une autre vers l'ouest.

6184. — Quelles sont-elles? —Les lignes de l'est sont celles de Rochdale, de Calder et Hebble, Aire et Calder et Humber; et celle d'Ashton, de Huddersfield, de sir John Ramsden, Calder et Hebble, Aire et Calder et Humber. Il y en a une autre divergeant de Manchester vers l'ouest, celle du Duc de Bridgwater, de Leeds et Liverpool, Aire et Calder et Humber, toutes trois viennent tomber dans l'Aire et Calder.

6185. — Ces différentes communications par eau ont-elles des administrations différentes? — Ces Compagnies ont toutes des actes distincts du parlement pour leur établissement, leur administration et leurs péages, sauf la rivière Humber dont la navigation est libre.

6186. — Le chemin de fer de Manchester et Leeds n'a-t-il pas fait un traité, avec quelqu'une de ces Compagnies? — Il n'y a point eu de contrat de louage fait par la Compagnie de ce chemin, ni par personne en sa faveur.

6187. — Ni aucun autre arrangement? — La Compagnie n'a pas le pouvoir de régler le mode d'exploitation d'un canal; mais dans le but d'empêcher les fraudes grossières qui se pratiquaient sur les canaux et le chemin de fer par de fausses déclarations tendant à diminuer à la fois les chargements et les tarifs applicables, la commission d'administration du canal de Rochdale, ainsi que celle de Calder et Hebble convinrent, pour se défendre contre de telles pratiques, que nous nous informerions réciproquement des prix les uns des autres, que nous ne les changerions pas sans avis préalable, et que nous ferions cesser l'état de vague et de relâchement dans lequel était tombée la perception des droits, par suite de la concurrence ruineuse qui avait existé, au bénéfice, bien plus d'un petit nombre d'entrepreneurs de transports que du public.

6188. — Avec qui cet arrangement est-il conclu ? — Avec la ligne de Rochdalle et celle de Calder et Hebble.

6189. — Quel a été l'effet de cet arrangement ; a-t-il, oui ou non, été suivi d'une élévation des tarifs ? — Les Compagnies des voies d'eau et de fer ont quelque peu élevé les droits au-dessus de ce qu'ils étaient dans la chaleur de la concurrence, pour les objets de la plus grande valeur ; mais les grains, la farine, les minéraux et les engrais conservent les mêmes prix qu'au degré le plus bas de la concurrence.

6190. — Quels sont les articles sur lesquels il y a eu augmentation ? — Les marchandises de prix, les ballots, les tissus de coton, et généralement ce qu'on considère comme marchandises de chemin de fer.

6191. — Sur quelle longueur existe cet arrangement ? — Sur 22 milles (35 kilomètres).

6192. — Entre quels points ? — Entre Soverby, Bridge (près d'Halifax) et Wakefield.

6193. Quelle est la proportion de l'augmentation survenue ? — Le taux actuel par le canal est de 10^s 3^d 1[2 (12 fr. 67 c.) pour le péage total entre Manchester et Hull, tandis que le prix du chemin de fer, pour la nature la plus importante de marchandises à grande vitesse, est de 25^s. (30 fr. 77 c.). Nous réglons nos prix sur le temps, et non sur la nature ; nous n'entrons dans aucun détail avec les expéditeurs ; mais s'ils nous apportent à midi des marchandises qui doivent être distribuées le lendemain matin à huit heures, nous nous en chargeons, au prix de 25^s (30 fr. 77 c.) par tonne ; mais s'ils disent que l'époque d'arrivée ne leur importe pas, nous les prenons aux prix de 15^{s}6^d (19 fr. 08 c.). Les droits du canal sont de 10^s 3^d (12 fr. 62 c.) ; et l'addition de 5^s (6 fr. 15 c.) pour frais de traction fait que le prix du canal est le même que le nôtre à 3^d (0 fr. 31 c.) près.

6194. — Avant la transaction, quel était le prix de transport du canal ? — Nous ne savions pas ce qu'ils prenaient, et ce fut une difficulté que nous eûmes à résoudre ; ils déclaraient percevoir ces mêmes prix ; mais ils avaient coutume d'admettre de grandes quantités pour de moindres ; ils étaient dans l'usage d'admettre 50 tonnes pour 30.

6195. — (Lord G. SOMMERSET). — Qu'est-ce qui amena les administrateurs de la ligne navigable à vos propositions ? — C'est que nous avions réduit leurs revenus annuels de 70,000[l] (1,750,000 fr.) à environ 28,000[l] (70,000fr.).

6196. — Ainsi, en dépit de leur tolérance de 50 tonnes pour 30, vous pouviez encore leur faire concurrence ? — Oui, leurs actions avaient valu 500 guinées (13,125 fr.). Un monsieur de ma connaissance avait placé de l'argent pour sa fille à ce prix, et ses actions descendirent à 165[l] (4,125 fr.) par suite de cette concurrence.

6197. — Quel effet a produit cet arrangement sur le reste de la ligne navigable ? — Je ne sache pas qu'il en ait produit aucun.

6198. — Y a-t-il eu quelque changement dans les prix du reste de la ligne ? — Lorsque la Compagnie du canal transportait 50 tonnes pour 30 il en résultait, tout le long de la ligne, que les entrepreneurs de transport, se prévalaient de l'occasion pour se soustraire aux droits, et que la Compagnie craignait de scruter leurs déclarations.

6199. — Des arrangements ont-ils été conclus avec deux des Compagnies ? — Oui.

6200. — Comment espérez-vous surmonter la difficulté quant à la troisième ? — Nous ne l'avons pas essayé, et ne l'essayerons pas.

6201. — Vous pensez qu'en acquérant un contrôle sur deux des Compagnies, vous l'exercerez par le fait sur la troisième ? — Je ne vois pas cela, la troisième est parfaitement libre de faire ce qui lui plaît.

6202. — Pour ce qui concerne le parcours total, ne forcez-vous pas, en fait, la 3e à passer par les décisions des deux autres ? — Non ; la troisième est beaucoup plus puissante que les deux autres ensemble. C'est la 3e qui leur a toujours dicté ce qu'elles avaient à faire. On proposa d'abord, pour empêcher cette concurrence qui était ruineuse pour tout le monde, d'établir une classification de transports, nous disions : « Si vous abandonnez seulement nos marchandises en ballots, qui sont pressées d'arriver » à Hull, nous mettrons un droit qui ne sera pas de plus de moitié de ce qu'il » était habituellement et nous vous céderons les grains et autres marchandises que vous prétendez vous appartenir comme Compagnie de canal. » Cela fut accepté par les deux Compagnies, entièrement par celle de Calder et Hebble, incomplétement par celle de Rochdale; mais celle d'Aire et Calder pour sa part se refusa formellement à tout arrangement de cette nature ; elle prétendit traiter avec nous sur cette base, qu'elle s'obstina à soutenir, que le seul arrangement auquel elle pût adhérer consistait en ce que nous établissions des prix supérieurs aux siens ; et pourvu qu'ils fussent supérieurs, elle ne s'inquiétait pas de combien.

6203.— La Compagnie du canal de Rochdale ne goûta pas cette proposition? — La Compagnie du canal de Rochdale s'imagina qu'elle troublerait son commerce, parce que la classe particulière de marchandises pour laquelle notre concurrence aurait cessé ne formait pas un article aussi important pour elle que pour la ligne de Calder et Hebble, c'est le grain; les grains constituent une affaire énorme sur notre ligne. Les grains pour Leeds et Wakefield ensemble montent à près de 1,000 tonnes par jour.

6204. — Mais la Compagnie du canal de Rochdale a accédé à cet arrangement? — Il n'est pas passé sur le principe que j'ai exposé; il est passé sur cette base, que nous ferons un rabais sur cette nature de marchandises, et qu'ils établiront de leur côté un prix qui ne nous l'enlève pas, au delà du terme d'un partage égal.

6205. — Ainsi vous avez deux sortes de conventions différentes avec ces deux lignes navigables? — Oui.

6206. — Mais vous n'avez aucun traité avec celle de Aire et Calder? — Non.

6207. — Cette dernière ligne ne peut-elle exercer une influence désavantageuse sur vos transports? — Seulement par ses tarifs.

6208. — Pensez-vous qu'elle puisse, par ses tarifs, vous faire encore concurrence, après cette transaction avec les deux autres canaux? — Je crois que la ligne de Aire et Calder n'a jamais transporté plus qu'elle ne l'a fait l'an passé.

6209. — Vous ne pensez pas qu'il importe d'en venir à un arrangement avec cette ligne? — Non.

6210. —(Lord G. Sommerset). — Vous avez obtenu tout ce qu'il vous fallait par votre arrangement avec les deux lignes navigables de Rochdale et de Calder et Hebble? — Si nous traitions avec la ligne navigable de Aire et Calder, ce devrait être pour élever les tarifs.

6211. — N'était-ce pas là l'objet de votre arrangement avec les lignes de Rochdale et de Hebble? — Le but était plutôt d'empêcher les deux parties d'être volées par des fourberies et de fausses déclarations, que d'élever matériellement les tarifs.

6212. — Quels étaient les gens qui usaient de fourberies? — Les entrepreneurs de transports. — Ils venaient me dire, nous pouvons expédier nos marchandises pour tant par le canal de Rochdale; voulez-vous vous en charger?

6213.— Ainsi ils mettaient en pratique en leur propre faveur le principe de la concurrence, aussi largement que possible, sans beaucoup de scrupule? — Sans le moindre scrupule : ils allaient ensuite aux canaux, et disaient : le chemin de fer s'en chargera pour moins que vous. On leur demandait : « Que portez-vous ? Je porte 500 quarters (1,500 hectolitres) » ou quelque quantité de froment que pût porter le bateau, en déclarant » 40 ou 50 quarters (100 ou 150 hectolitres) de moins qu'il n'y en avait » réellement à bord. » « Non, vous portez plus que cela; il faut que je » voie ce que vous portez. » « Non, vous n'examinerez pas mon bateau : » je l'expédierai par le chemin de fer. » Un monsieur qui prend une part très-active dans l'administration de la ligne de Aire et Calder, un ecclésiastique, déclarait à un de mes collègues qu'ils étaient obligés de fermer les yeux sur ces fausses déclarations.

6214. — (M. Gisborne.) — En fait cela revenait, sans l'admettre, à une réduction des tarifs ? — En effet.

6215. (Lord G. Sommerset.) — En conséquence, bien que les tarifs puissent n'être pas augmentés de beaucoup, l'effet réel est qu'ils sont augmentés, même pour les grains? — Modérément ; mais nous livrons maintenant la farine à Manchester à meilleur marché que jamais.

6216. — Mais, en fait, le transport de ces articles se faisait à meilleur marché que maintenant pour les intéressés ? — Non ; parce que malgré l'avantage dont jouissaient les entrepreneurs de transport, le public n'en recueillait aucun bénéfice.

[N° 14].

Trafic comparé du chemin de fer de St-Etienne à Lyon, en ce qui concerne le transport de la grosse marchandise et celui des voyageurs, etc.

Trafic comparé du chemin de fer de Saint-Etienne à Lyon, en
geurs, des dépêches, et des

SEMESTRE D'EXPLOITATION.		CHARBONS ET GROSSE MARCHANDISE.		
		Produits bruts.	Dépenses.	Produits nets
1840	1er semestre	1,358,705f 55	1,291,031f 92	67,673f 6
	2e —	1,558,910 76	1,155,030 11	403,880 6
1841	1er —	1,226,105 96	798,345 71	427,760 2
	2e —	1,696,241 86	1,041,699 52	654,542 3
1842	1er —	1,541,234 42	1,180,447 83	360,786 5
	2e —	1,594,845 03	1,128,507 39	466,337 6
1843	1er —	1,173,150 17	754,541 16	418,609 0
	TOTAUX....	10,149,193 75	7,349,603 64	2,799,590 1

La nouvelle forme donnée, à partir du 2e semestre de 1843, aux comptes ren
En rapprochant les dépenses et les produits nets, pour chaque espèce de servi
1° Pour le service des marchandises que les dépenses sont de 72 4/10 p. 0/0
2° Pour le service des voyageurs, etc., que les dépenses sont de 51 28/100

concerne le transport de la grosse marchandise et celui des voya-
ndises en service accéléré.

OYAGEURS, DÉPÊCHES EN SERVICE ACCÉLÉRÉ.			OBSERVATIONS.
Produits bruts	Dépenses.	Produits nets.	
372,277f 85	210,075f 93	162,201f 92	Les semestres sont comptés comme dans les comptes rendus de la Compagnie, savoir : du 1er novembre au 30 avril suivant et du 1er mai au 31 octobre.
496,407 14	242,838 36	253,568 78	
322,206 55	200,336 58	121,869 97	
532,751 68	214,083 94	318,667 74	
429,651 70	228,606 64	201,045 06	
554,290 95	242,999 42	311,291 53	
356,946 60	232,400 11	124,546 49	Comprenant seulement cinq mois qui se terminent au 31 mars 1843, ensuite d'une modification apportée dans l'époque de clôture des semestres et des exercices.
3,064,532 47	1,571,340 98	1,493,191 49	

la Compagnie n'a pas permis de pousser plus loin ce tableau.
s produits bruts de ce service, on trouve :
oduit brut, et les recettes de 27 6/10 p. 0/0 du même produit;
du produit brut, et les recettes de 48 72/100 p. 0/0 du même produit.

[N° 15]

Tableau du mouvement général des marchandises à la descente, arrivées à Roanne par la Loire ou par le chemin de fer, et parties de Roanne par la Loire ou par le canal latéral pendant les années 1838, 39, 40, 41 *et* 42.

TABLEAU du mouvement général des marchandises à la descente, ar
Roanne par la Loire ou par le canal laté

ANNÉES.	MARCHANDISES ARRIVÉES A ROANNE.									
	PAR LA LOIRE.					PAR LE CHEMIN DE FER.			TONN… TOT. de l… Loi… et d… chen… DE F…
	NOMBRE DE BATEAUX.		TONNES de marchandises.		TONNAGE TOTAL de la Loire.	TONNES DE MARCHANDISES.		TONNAGE TOTAL du chemin DE FER.	
	Vides.	Chargés.	1re classe	2e classe.		1re CLASSE	2e CLASSE.		
1838	21	4,193	»	126,324	126,324	4,446	40,415	44,861	171,1
1839	»	2,946	»	96,951	96,951	5,488	57,558	63,046	159,9
1840	»	1,501	4,877	42,820	47,697	4,094	38,006	42,100	89,7
1841	»	2,765	»	97,380	97,380	6,474	41,141	47,615	144,9
1842	»	2,584	»	85,391	85,391	4,580	37,185	41,765	127,1
TOTAUX...	21	13,989	4,877	448,866	453,743	25,082	214,305	239,587	693,1
MOYENNE DE 5 ans.	»	2,798	»	89,773	90,748	5,016	42,861	47,877	138,6

]

à Roanne par la Loire ou par le chemin de fer, et parties de
dant les années 1838, 39, 40, 41 et 42.

MARCHANDISES PARTIES DE ROANNE.											
PAR LA LOIRE.					PAR LE CANAL.						TONNAGE TOTAL de la Loire et du Canal.
OMBRE BATEAUX.		TONNES DE MARCHANDISES.		TONNAGE TOTAL de la Loire.	NOMBRE DE BATEAUX.		TONNES de marchandises.		TONNAGE TOTAL du Canal.		
ES	CHARGÉS	1re CLASSE	2e CLASSE.		VIDES.	CHARGÉS.	1re classe	2e classe.			
93	3,134	5,787	120,163	125,950	»	363	256	21,311	21,567		147,517
39	2,314	4,006	87,162	91,168	»	745	1,625	46,532	48,157		139,325
33	1,495	5,909	39,234	45,143	»	350	1,119	23,273	24,472		69,615
36	2,131	6,907	72,583	79,490	»	589	1,294	41,782	43,076		122,566
76	2,048	4,552	72,364	76,916	157	483	925	33,259	34,184		111,100
17	11,122	27,161	391,506	418,667	157	2,530	5,299	166,157	171,456		590,123
163	2,224	5,432	78,301	83,733	»	506	1,059	33,231	34,291		118,024

rait des documents statistiques produits par M. l'ingénieur Boulangé à l'appui du projet du canal de Roanne au Rhône.

[N° 16.]

Mouvement de la navigation de la Seine, au-dessous de Paris, pendant les années 1840, 1841, 1842 *et* 1843. (*Extrait des Registres de l'Inspecteur de la navigation en résidence au Pecq*).

ANNÉES.	DÉSIGNATION DE LA PROVENANCE ET DE LA DESTINATION DES BATEAUX.		QUANTITÉS DE BATEAUX			TONNAGES		
			Partielles, par provenance ou par destination.	Totales à la remonte ou à la descente.	Totales par année.	Partiels, par provenance ou par destination	Totaux à la remonte ou à la descente.	TOTAUX par année.
Au-dessus de l'embouchure de l'Oise.								
1840	Bateaux montants.	Venant de la Seine.	957	3,345	4,341	220,677	600,586	779,098
		Venant de l'Oise ...	2,388			379,909		
	Bateaux avalants.	Pour la Seine.......	790	996		158,864	178,512	
		Pour l'Oise..........	206			19,648		
1841	Bateaux montants.	Venant de la Seine.	884	4,051	5,030	249,508	789,482	997,295
		Venant de l'Oise ...	3,207			539,974		
	Bateaux avalants.	Pour la Seine.......	729	979		180,255	207,813	
		Pour l'Oise..........	250			27,558		

Année	Bateaux	Direction	Nombre			Tonnage		
1842	Bateaux montants.	Venant de la Seine.	1,188	4,894	6,106	267,011	831,099	1,029,754
		Venant de l'Oise …	3,706			564,088		
	Bateaux avalants.	Pour la Seine……	926	1,212		168,383	198,655	
		Pour l'Oise………	286			30,272		
1843	Bateaux montants.	Venant de la Seine.	1,235	5,148	6,325	351,299	1,025,731	1,297,799
		Venant de l'Oise….	3,913			674,432		
	Bateaux avalants.	Pour la Seine……	903	1,177		241,525	272,068	
		Pour l'Oise………	274			30,543		
Au-dessous de l'embouchure de l'Oise.								
1840	Bateaux montants.	Pour la Seine……	957	991	1,959	220,677	227,247	414,672
		Pour l'Oise………	34			6,570		
	Bateaux avalants.	Venant de la Seine.	790	968		158,864	187,425	
		Venant de l'Oise….	178			28,561		
1841	Bateaux montants.	Pour la Seine……	844	860	1,824	249,508	253,578	476,490
		Pour l'Oise………	16			4,070		
	Bateaux avalants.	Venant de la Seine.	729	964		180,255	222,912	
		Venant de l'Oise…	235			42,657		
1842	Bateaux montants.	Pour la Seine……	1,188	1,221	2,358	267,011	273,874	478,259
		Pour l'Oise………	33			6,863		
	Bateaux avalants.	Venant de la Seine.	926	1,137		168,383	204,385	
		Venant de l'Oise….	211			36,002		
1843	Bateaux montants.	Pour la Seine……	1,235	1,285	2,479	351,299	361,681	655,891
		Pour l'Oise………	50			10,382		
	Bateaux avalants.	Venant de la Seine.	903	1,194		241,525	294,210	
		Venant de l'Oise…	291			52,685		

Trafic général du chemin de fer de Paris à Rou

TRAFIC DES VOYAGEURS.			TRAFIC DE LA GROSSE MARCHANDISE.		ARTICLES de MESSAGERIE
NOMBRE.	RECETTES, les BAGAGES compris.	RECETTE brute par VOYAGEUR.	RECETTES.	TONNAGE ramené au parcours entier pour une perception moyenne de 17,50 p. ton.	RECETTES.
			Première période d'exploitation du 9 m		
285,726 v.	1,948,866f,70	6f,82	107,799f,40	6,154t,25	79,390f,(
			Cette première période d'exploitation ramen		
359,358 v.	2,436,283f,38	6f,78	154,749f,25	7,693t,81	99,237f,[illegible]
			Deuxième période d'exploitation, e		
248,963 v.	1,654,621f,15	6f,65	466,000f,34	26,628t,59	122,477f,8
			Troisième période d'exploitatio		
496,532 v.	2,914,676f,23	5f,87	763,901f,80	43,651t,47	112,318f,7

]

uis le 9 mai 1843 jusqu'au 30 septembre 1844.

URES, EVAUX et oduits vers. ETTES	RECETTES pour INTÉRÊTS ou sur FONDS disponibles	RECETTES brutes TOTALES.	DÉPENSES TOTALES.	RECETTES NETTES, par période.	REVENU à tant p. % du CAPITAL social de 37,000,000.
0 *septembre* 1843. (145 *jours*).					
154^{f},88	11,568^{f},80	2,178,403^{f},35	858,515^{f},08	1,309,888^{f},27	
emestre donne les résultats suivants :					
195^{f},60	11,568^{f},80	2,692,032^{f},62	1,073,143^{f},85	1,618,888^{f},77	4^{f},38
octobre 1843 *au* 31 *mars* 1844.					
188^{f},68	10,788^{f},62	2,290,076^{f},59	1,172,066^{f},98	1,118,009^{f},61	3^{f},02
1er *avril au* 30 *septembre* 1844.					
839^{f},39	17,799^{f},05	3,877,535^{f},22	1,819,458^{f},21	2,058,077^{f},10	5^{f},56

Extraits de la statistique des chemins de fer anglais comprise [...]
pou[...]

NOMS des DIFFÉRENTS CHEMINS de fer.	LONGUEUR en KILOMÈTR.	DÉPENSE de CONSTRUCTION.	NOMBRE des VOYAGEURS.	RECETT[...] sur les VOYAGEU[...]
Londres et Birmingham.	181	148,850,000	780,371	13,683,9[...]
Great Western.. . .	190	166,300,000	1,606,015	12,206,9[...]
Grand-Jonction. . .	133	48,037,500	449,236	6,703,2[...]
Londres et South Western.	149	64,625,000	683,382	5,867,4[...]
Manchester et Leeds.	80	77,600,000	1,148,431	3,527,5[...]
Liverpool et Manchester.	49	37,875,000	648,683	2,820,3[...]
North Midland. . .	117	83,617,500	893,259	3,070,0[...]
Hartlepool	24	11,975,000	92,698	91,1[...]

Nota. Les sept premiers chemins portés au présent tableau sont de[...]
rable.

Le petit chemin de Hartlepool est le plus chargé de tous les chemins houi[...]

pport du 10 *janvier* 1844 *aux lords du Comité du conseil privé* *merce.*

C, TRANSPORT ET PRODUITS POUR L'ANNÉE 1844.

mbre de ceaux, de handises et néraux.	Recette sur les Marchandises et Minéraux.	Recette sur le bétail, les chevaux et les voitures.	Recette sur les petits articles, les Malle-postes et toutes autres sources de revenus.	Recette brute ou totale.	Dividende de l'année sur le capital des actions.
17,188	3,746,775	1,168,125	1,630,375	20,231,150	10
98,358	2,537,475	940,275	1,071,475	16,756,175	6
12,910	2,412,025	628,175	586,500	10,386,800	10
55,358	1,302,775	314,025	388,500	7,867,000	6,5
50,157	2,358,075	162,550	88,375	6,123,200	5,5
61,577	2,033,000	159.400	932,775	5,945,550	10
14,003	1,814,700	183,100	357,500	5,422,500	3,25
55,128	509,825	« «	« «	600,925	»

il-ways du Royaume-uni ceux qui donnent la recette brute la plus considé-

minerais.

[N° 19.]

Tableau des contenances des Bois domaniaux et communaux, dans les départements desservis par le Canal de la Marne au Rhin.

DÉPARTEMENTS	ARRONDISSEMENTS communaux.	CONTENANCES FORÊTS domaniales.	FORÊTS communales.	Totales.	OBSERVATIONS.
		hect.	hect.	hect	Prix du stère de bois pris dans la coupe.
BAS-RHIN.	Strasbourg. .	21,542.27	16,265.25	37,807.52	Chauff. 5f »» à 10f »» Constr. Sapin 22f »» Chêne 35f »»
	Schélestadt. .	2,837.75	23,349.52	26.187.27	— 4 »» à 7 »» — 15 »» 22 »»
	Saverne. . . .	22,328.83	12,109.42	34,438.25	— 2 »» à 6 »» — 20 »» 22 »»
	Wissembourg	6,313.95	15,977.96	22,291.91	— 3 50 à 7 »» — »» »» 12 50
		53,022.80	67,702.15		
		120,724.95			
MOSELLE.	Briey.	6,754.45	14,553.85	21,308.30	— 7 50 Construction chêne, 35 »»
	Metz.	4,243.99	10,575.30	14,819.29	— 7 25 — 30 »»
	Sarreguemines	30,968.47	10,203.67	41,172.14	— 4 00 — 22 »»
	Thionville. . .	7,838.60	11,870.49	19,709.09	— 6 00 — 30 »»
		49,805.51	47,203.31		
		97,008.82			
MEURTHE.	Nancy.	12,066 »	10,843 »	22,909 »	— 10 à 11 — 40 »»
	Toul.	5,413 »	24,644 »	30,057 »	— 7 50 — 37 50
	Lunéville. . .	9,409 »	17,116 »	26,525 »	— 7 00 — 28 »»
	Chât.-Salins .	11,145 »	4,660 »	15,805 »	— 5 75 — 30 »»
	Sarrebourg. .	31,818 »	3,467 »	35,285 »	— 4 00 — 15 à 25 »»
		69,851 »	60,730 »		
		130,581			
VOSGES.	Épinal.	17,482.22	27,034.50	44,516.72	— 4 50 à 7 Construction, 15 à 25 »»
	Saint-Dié. . .	34,278.74	17,533.76	51,812.50	— 3 »» — 12 »»
	Remiremont .	14,487.25	16,797.00	31,284.25	— 2 »» à 5 — 15 à 20 »»
	Mirecourt. . .	6,641.56	15,342.20	21,983.76	— 6 50 à 8 — 30 à 53 »»
	Neufchâteau .	2,867.34	25,973.06	28,840.40	— 6 50 — 45 »»
		75,757 11	102,680.52		
		178,437.63			
MEUSE.	Bar-le-Duc. .	12,243.00	8,085.72	20,328.72	— 5 50 à 9 — 35 à 60 »»
	Commercy . .	8,102.55	43,766.60	51,869.15	— 5 »» à 7 — 25 à 55 »»
	Verdun. . . .	6,620.95	23,560.69	30,181.64	— 4 »» à 6 50 — 25 à 55 »»
	Montmédy. . .	8,071.45	15,272.27	23,343.72	— 4 50 à 6 50 — 24 à 45 »»
		35,037.95	90,685.28		
		125,723.23			
Hte-MARNE.	Langres. . . .	8,632 »	27,115 »	35,747 »	— 8 à 9 — 40 à 45 »»
	Chaumont. . .	6,510 »	38,615 »	45,125 »	— 7 à 8 — 45 à 50 »»
	Vassy.	1,888 »	21,101 »	22,989 »	— 8 à 9 — 55 à 65 »»
		17,030 »	86,831 »		
		103,861 »			
	Contenance totale.			756,336,63	

[N° 20.]

PRODUITS annuels des bois domaniaux et communaux, dans les départements desservis par le canal de la Marne au Rhin.

DÉPARTEMENTS	PRODUITS MOYENS DES TROIS ANNÉES 1841, 1842 ET 1843.			OBSERVATIONS
	FORÊTS domaniales.	FORÊTS communales.	TOTAUX.	
Bas-Rhin. . .	1,309,824f »»	520,138f »»	1,829,962f »»	Les produits indiqués pour les forêts communales ne comprennent pas les délivrances en nature, qui sont faites aux communes et aux établissements publics, et dont la valeur dépasse 6 millions par année.
Moselle	821,465 39	492,082 43	1,313,547 82	
Meurthe. . . .	1,881,863 »»	679,329 »»	2,561,192 »»	
Vosges.	2,187,289 »»	2,627,922 »»	14,85,211 »»	
Meuse.	1,524,342 27	924,908 13	2,449,250 40	
Haute-Marne	514,120 »»	765,827 »»	1,279,947 »»	
TOTAUX . . .	8,238,903 66	6,010,206 56	14,249,110 22	

[N° 21.]

Circulation de la grosse marchandise sur le chemin de fer de Rouen pendant l'année 1844, comparée à la même circulation sur la Seine et les routes de terre parallèles.

La première partie de cet écrit était imprimée lorsque nous avons reçu les chiffres de tonnage de la Seine entre Rouen et Paris pendant l'année 1844 et ceux de la fréquentation des routes parallèles. Nous croyons utile de rapprocher ces chiffres de ceux du tonnage du chemin de fer.

Il est certain que celui-ci n'a pas transporté en 1844 plus de 92,000 tonnes de grosse marchandise, savoir :

En remonte. . . . . 74,000 tonnes.
En descente. . . . . 18,000 —
Total. . . . . 92,000 tonnes.

Cette masse doit provenir d'abord de la clientèle des routes et de celle de la navigation; mais elle pourrait être due aussi en partie à un accroissement de mouvement, comme celui que développent en général les facilités nouvelles données au commerce par l'ouverture d'une nouvelle voie de transport; voyons ce qu'il en est.

D'après les relevés de fréquentation du département de la Seine inférieure, la circulation sur les routes royales n° 14 et n° 182 entre Rouen et Paris, aurait compté en 1843 un nombre de colliers de roulage à charge de. . . . . 214,985 colliers

Et ce nombre serait tombé en 1844 à. . . . . 134,685 —
La perte serait donc pour le roulage seul de. . . . . 80,300 colliers
Elle représente une charge utile de. . . , ... 64,240 tonnes.
Telle a été l'influence du chemin de fer sur le roulage.

Quant à la navigation, elle avait été depuis plusieurs années en progrès constant ; ainsi elle avait transporté entre Rouen et Paris :

ANNÉES.	EN REMONTE.	EN DESCENTE.
1840.	220 667 tonnes.	158 864 tonnes.
1841.	249 508 —	180 255 —
1842.	267 011 —	168 383 —
1843.	351 299 —	241 525 —

Gagnant ainsi en quatre années :

Sur la remonte. 130,632 tonnes

Et sur la descente. . . . . 82,661 —

En 1844, non-seulement le progrès cesse, mais il est changé en une énorme rétrogradation. Les transports de la Seine entre Rouen et Paris sont en effet pour l'année qui vient de finir :

En remonte. . . . . 208,914 tonnes

En descente . . . . 195,335 —

Ainsi, par rapport à l'année 1843, le mouvement de la Seine a perdu en 1844 :

Sur la remonte . . . . 142,385 tonnes

Sur la descente. . . . . 46,190 —

En tout. . . . . 188,575 tonnes

Qu'on ajoute à cela la perte du roulage de. . . . . . . 64,240 —

On verra que les anciennes voies, celles de terre et celle d'eau, se trouvent réduites par rapport à 1843 d'un tonnage total de. . . . . 252,815 tonnes

Le chemin de fer n'ayant transporté en 1844 que. . . 92,000 —

Il y a en définitive perte sur les trois voies concurrentes et disparution totale de. . . . . 160,815 tonnes

Ce regrettable résultat montre combien il est nécessaire d'étudier de tout près en ces matières la véritable position des choses. La navigation de la Seine a dû souffrir considérablement en 1844 ; et nous avons entendu répéter que cet état très-critique tenait à l'absorption des transports parle chemin de fer. Il est clair pourtant que ce chemin, qui n'a transporté que 92,000 tonnes, n'a pas pu en prendre 188,575 à la navigation; et on voit de plus qu'en appréciant à 13,651 tonnes pour le semestre d'été, la masse de marchandises enlevée par le chemin de fer à la voie navigable, nous sommes arrivés à un résultat assez exact; puisque le rail-way a dû d'abord s'emparer des 64,240 tonnes perdues par le roulage, et que par conséquent il n'a pu prendre au fleuve que moins de 28,000 tonnes pour l'année, c'est-à-dire moins de 14,000 pour un semestre.

Toujours est-il que l'énorme déchet qu'a subi le mouvement de la grosse marchandise entre Paris et Rouen, ne peut pas être attribué au chemin de fer; ce serait sa condamnation. Ce déchet tient à des causes plus générales.

La première et la principale paraît être la très-mauvaise récolte des vins en 1843 dans le Bordelais. Paris en a fort peu demandé à ce vignoble. Par la même cause, le Languedoc a dirigé vers la Seine beaucoup moins de 3|6.

Une seconde cause tiendrait à une grande réduction dans les expéditions des charbons anglais par suite du chômage de plusieurs mines pendant l'été dernier. Les charbons anglais qui remontent la Seine, ne vont guère au delà d'Elbeuf, arrêtés qu'ils sont par la concurrence des charbons belges. Aussi cette dernière cause n'a-t-elle agi que sur la partie du fleuve à l'aval d'Elbeuf, et surtout sur la Seine au-dessous de Rouen.

Une troisième cause, c'est la concurrence de plus en plus vive que Calais et Dunkerque font à Rouen et au Hâvre, pour le transport vers la capitale des bois du Nord et des vins de Bordeaux et du midi. Ainsi, la rivalité des canaux du Nord aurait été plus redoutable à la Seine que celle du chemin de fer.

L'achèvement des fortifications de Paris a dû aussi se faire sentir par une certaine diminution sur le tonnage de la Seine.

Enfin, le mouvement commercial lui-même a pu subir en 1844 un certain ralentissement, dont il n'y aurait évidemment rien à conclure pour l'avenir.

Quoiqu'il en soit, l'année a dû être très-dure en effet pour les entreprises de transport par eau sur la Seine, puisqu'elles ont eu à subir à la fois la réduction des prix imposée par la concurrence du chemin de fer et une diminution considérable dans la masse totale des transports, ce qui a dû restreindre l'usage productif du matériel et du personnel dont la navigation dispose. Mais on voit que cette position de la navigation, loin d'être en contradiction avec nos précédentes observations, tendrait plutôt à les confirmer. Car elle montre d'abord que la batellerie peut en effet se laisser démoraliser et qu'elle pourrait même périr sous l'action de la concurrence du chemin de fer, sans que celui-ci fît son service; et d'un autre côté, elle constate ce fait singulier qu'une émigration notable de la citentèle de la Seine vers les canaux du nord, concorde précisément avec l'ouverture du trafic du chemin de fer et avec l'abaissement du prix de transport qui en a été la suite.

Encore une fois, attribuer l'état de souffrance de la navigation de la Seine en 1844 à l'action du chemin de fer, c'est dire qu'il a fait disparaître du mouvement général qui s'opérait précédemment dans la direction de Rouen à Paris, 163,000 tonnes, qu'on ne retrouve nulle part sur cette direction, et pas plus sur le chemin de fer que sur les routes et sur le fleuve; c'est, nous le répétons, condamner le chemin de fer, et le condamner injustement, les causes de cet énorme déchet lui étant en général étrangères ! Mais ce qui est vrai, c'est que le chemin de fer a été impuissant à maintenir l'ancienne clientèle de la Seine et des routes parallèles contre la concurrence des canaux du nord; c'est enfin qu'à l'ouverture du chemin de fer correspond une diminution du tonnage total, non-seulement entre Rouen et Paris, mais même entre le Havre et Rouen.

Ceci ne prouve pas encore *contre la rivalité* des voies de fer et des voies d'eau, mais du moins ça ne prouve-t-il pas en sa faveur; et nous admettons que l'expérience à ce sujet aurait besoin d'être prolongée. Quant au *concours* des deux systèmes de communication, c'est autre chose; il a fait très-largement ses preuves. *Ce concours* n'existe nulle part qu'en Belgique; et nous avons vu que là les canaux et les rivières n'ont pas cessé d'accroître leur mouvement dans des proportions vraiment surprenantes, lorsqu'on les rapproche du développement considérable du trafic des chemins de fer parallèles.

La France offrira à coup sûr les mêmes résultats, lorsqu'elle opèrera dans les mêmes conditions; c'est-à-dire lorsque ses fleuves, rivières et canaux, affranchis de toutes les entraves matérielles ou légales qui les grèvent, seront organisés de manière à favoriser le développement le plus large de l'industrie, et par suite, celui de la circulation vraiment utile et profitable des chemins de fer.

FIN.

TABLE DES MATIÈRES.

FIN DE LA TABLE DES MATIÈRES.

GIQUE.

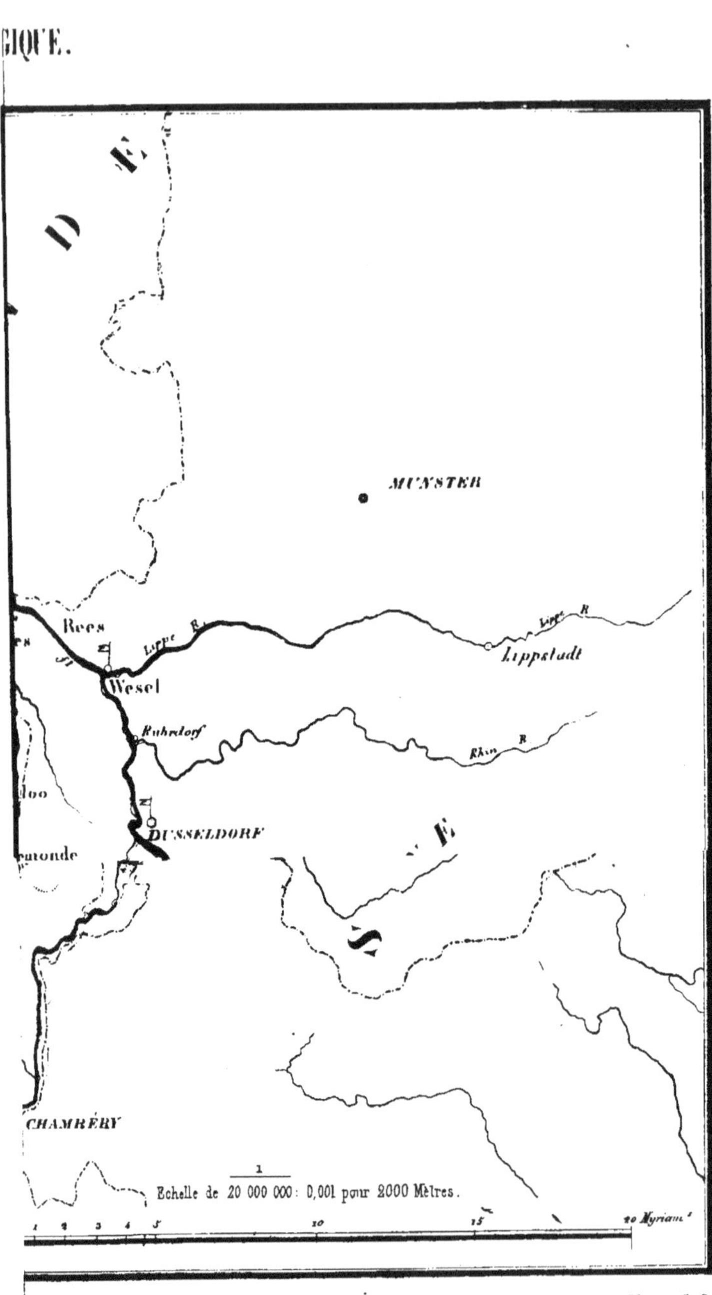

Du Concours des Canaux et des Chemins de Fer, &ª.

Par Ch. COLLIGNON, Ingénieur en Chef, &ª.

CANAUX ET CHEMINS DE FER DU NORD DE LA FRANCE ET DE LA BELGIQUE.

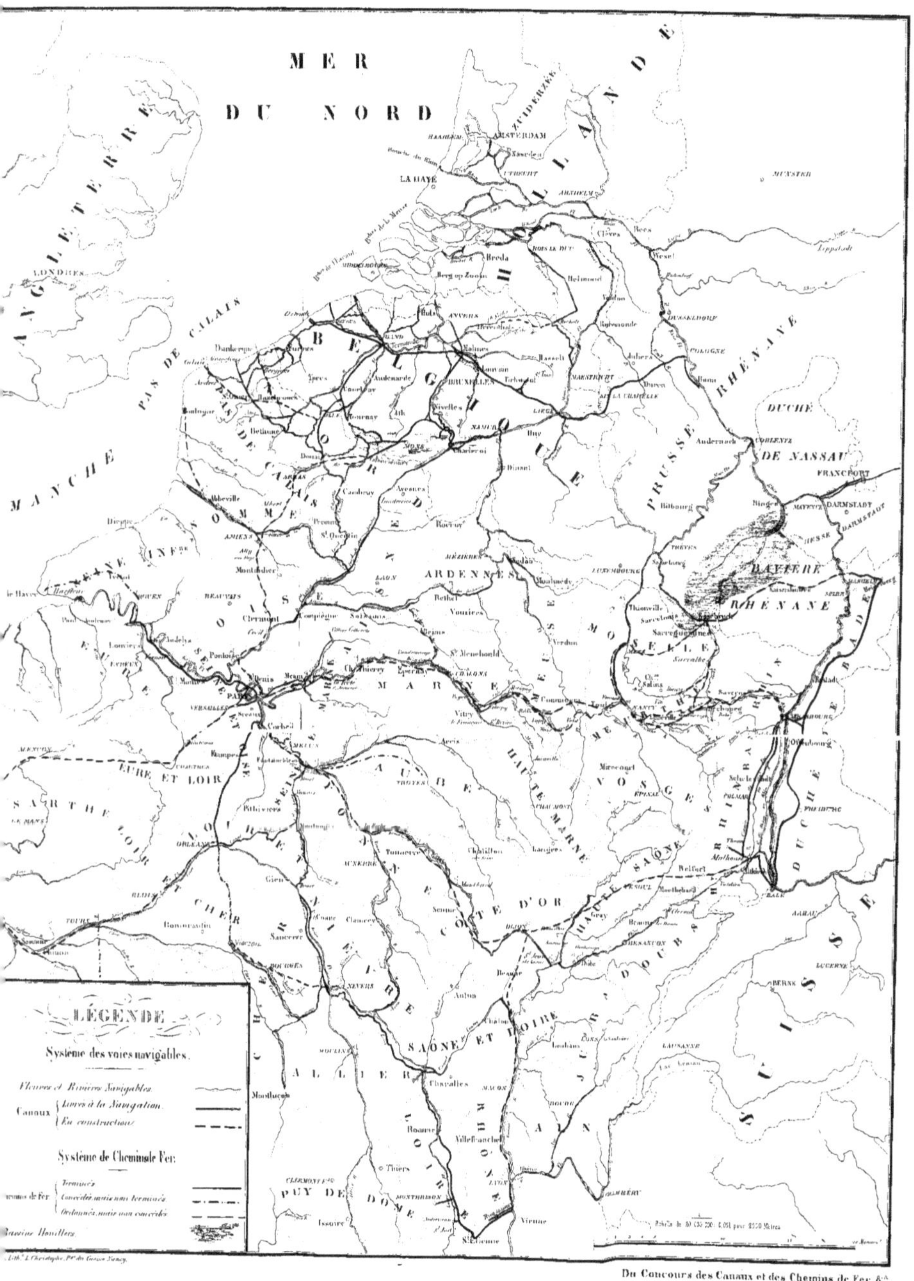

Du Concours des Canaux et des Chemins de Fer, &c.
Par Ch. COLLIGNON, Ingénieur en Chef, &c.

www.ingramcontent.com/pod-product-compliance
Lightning Source LLC
LaVergne TN
LVHW020552230826
846091LV00002B/466

* 9 7 8 2 3 2 9 3 8 1 3 1 2 *